◎ グラフィック情報工学ライブラリ ◎
GIE-11

データベースと情報検索

石原靖哲・清水將吾 共著

数理工学社

編者のことば

「情報工学」に関する書物は情報系分野が扱うべき学術領域が広範に及ぶため，入門書，専門書をはじめシリーズ書目に至るまで，すでに数多くの出版物が存在する．それらの殆どは，個々の分野の第一線で活躍する研究者の手によって書かれた専門性の高い良書である．が，一方では専門性・厳密性を優先するあまりに，すべての読者にとって必ずしも理解が容易というわけではない．高校での教育を修了し，情報系の分野に将来の職を希望する多くの読者にとって「まずどのような専門領域があり，どのような興味深い話題があるのか」と言った情報系への素朴な知識欲を満たすためには，従来の形式や理念とは異なる全く新しい視点から執筆された教科書が必要となる．

このような情報工学系の学術書籍の実情を背景として，本ライブラリは以下のような特徴を有する《新しいタイプの教科書》を意図して企画された．すなわち，

1. 図式を用いることによる直観的な概念の理解に重点をおく．したがって，
2. 数学的な内容に関しては，厳密な論証というよりも可能な限り図解（図式による説明）を用いる．さらに，
3. （幾つかの例外を除き）取り上げる話題は，見開き2頁あるいは4頁で完結した一つの節とすることにより、読者の理解を容易にする．

これらすべての特徴を広い意味で“グラフィック (Graphic)”という言葉で表すことにすると，本ライブラリの企画・編集の理念は，情報工学における基本的な事柄の学習を支援する“グラフィックテキスト”の体系を目指している．

以下に示されている“書目一覧”からも分かるように，本ライブラリは，広範な情報工学系の領域の中から，本質的かつ基礎的なコアとなる項目のみを厳選した構成になっている．また，最先端の成果よりも基礎的な内容に重点を置き，実際に動くものを作るための実践的な知識を習得できるように工夫している．したがって，選定した各書目は，日々の進歩と発展が目覚ましい情報系分野においても普遍的に役立つ基本的知識の習得を目的とする教科書として編集されている．

このように，本ライブラリは上述したような広範な意味での“グラフィック”というキーコンセプトをもとに，情報工学系の基礎的なカリキュラムを包括する全く新しいタイプの教科書を提供すべく企画された．対象とする読者層は主に大学学部生，高等専門学校生であるが，IT 系企業における技術者の再教育・研修におけるテキストとしても活用できるように配慮している．また，執筆には大学，専門学校あるいは実業界において深い実務体験や教育経験を有する教授陣が，上記の編集趣旨に沿ってその任にあたっている．

本ライブラリの刊行が，これから情報工学系技術者・研究者を目指す多くの意欲的な若き読者のための“プライマー・ブック (primer book)”として，キャリア形成へ向けての第一歩となることを念願している．

2012 年 12 月

編集委員：　横森 貴・小林 聡・會澤邦夫・鈴木 貢

[グラフィック情報工学ライブラリ] 書目一覧	
1.	理工系のための情報リテラシ
2.	情報工学のための離散数学入門
3.	形式言語・オートマトン入門
4.	アルゴリズムとデータ構造
5.	論理回路入門
6.	実践によるコンピュータアーキテクチャ
7.	基礎オペレーティングシステム
8.	プログラミング言語と処理系
9.	ネットワークコンピューティングの基礎
10.	コンピュータと表現
11.	データベースと情報検索
12.	ソフトウェア工学の基礎と応用
13.	数値計算とシミュレーション

まえがき

デ－タベ－スシステムには情報工学の粋が詰まっている．

少々偏った見方かもしれないが，筆者はそう考えている．問合せ言語の扱いにはプログラミング言語全般の知識が必要である．実体関連モデルの設計はソフトウェア設計の上流工程との類似点が多い．デ－タベ－ス管理システムはハ－ドウェアやミドルウェアの知識なしには構築できない．そして，関数従属性の性質究明や正規形の発見などの研究は，デ－タベ－ス理論という理論的計算機科学の重要な一分野を占めてきた．

本書は，このように壮大で深淵なデ－タベ－スシステムと情報検索技術に関する初学者向けテキストとして執筆させていただいた．情報工学の粋を少しでも味わってもらえるように，天下り的・羅列的に知識を提供するのではなく，なぜこうなっているのか，どうしてこのやり方がよいのかといった疑問を解消していく形で理解を深めていける説明を目指した．同時に，直観的でわかりやすい説明だけで終えるのではなく，厳密な定義や説明も併記するよう心がけた．わかりやすい説明は，すばやく全体像をつかむのにもってこいであるが，細かい部分を説明しきれずに学習者の誤解を招くこともしばしばあるからである．

1 章でデ－タベ－スシステムと情報検索技術を概観したのち，2 章でデ－タベ－スのモデルとして最も一般的な関係デ－タモデルを紹介する．表という構造自体，人間にとってなじみやすいものであるが，形式的にも簡潔に定義でき取り扱えることを理解してもらえたらと思う．3 章では関係デ－タベ－スの設計に関わる技法や理論を紹介する．特に，正規形について初めて学ぶ読者は，「たかが表デ－タの管理」にこんなにも奥深さがあったのかと驚かれるに違いない．4 章ではデ－タベ－ス管理システムで利用されているさまざまな技術を紹介する．紙面の都合や筆者の技量もあり，とてもすべてを詳細に紹介しきれるものではないため，索引やトランザクション管理など重要なトピックに絞り込んで解説した．5 章では近年発展がめざましい情報検索技術を紹介する．6 章ではさらなる発展的話題として，筆者が研究テ－マとして関わってきたXML，データ統合，プライバシ保護について紹介する．5章と6章の内容は，他のテキストにはあまり見られない本書の大きな特徴であると考えている．これらの発展的なテーマの面白さも初学者である読者にうまく伝わるよう，内容を厳選しストーリーを吟味して執筆したつもりである．

さて結果的に，本書は「広く浅く」というよりも，基礎的なトピックを選択的かつ集中的に解説したテキストになったと考えている．学習を進めるにつれ，本書に物足りなさを感じ始めた読者はぜひ，参考文献に挙げたような他のテキストにあたっていただきたい．本書の，特に2章や3章で与えた形式的な議論は，他のテキストを読み進めていく上できっと役に立つはずである．

第1章から第5章までの内容を15コマ分の講義テキストとして用いる場合は，以下の時間配分が目安になるだろう．

- 第1章「概論」1コマ
- 第2章「関係データモデル」3コマ
- 第3章「関係データベースの設計」4コマ
- 第4章「データベース管理システム」4コマ
- 第5章「情報検索」3コマ

さらに，第6章「発展的話題」は，3トピック3コマ分を想定している．適宜，第1章から第5章までの内容と一部入れ替えて利用いただきたい．

最後に，本書執筆の機会を与えてくださった横森貴先生，なかなか筆の進まない筆者を長期間にわたり辛抱強く励ましてくださった数理工学社の田島伸彦氏および足立豊氏に心よりお礼申し上げます．そして日ごろより筆者をサポートしてくれる家族に感謝します．

2018年8月

石原 靖哲・清水 將吾

目　　次

第1章 概論

本書ではデータベースと情報検索という２つのトピックを扱う．

まずデータベースに関しては，本書では関係データベースと呼ばれる種類のものに焦点を当てて解説する．その詳細な説明は２章以降に譲るとして，本章の前半では，関係データベースに特化しない，一般的なデータベースというものについて概観する．

そして情報検索に関しては，高速で正確な検索のためのさまざまな技術の紹介は５章に譲り，そもそも情報検索という問題がどのように定義され，それを解決する技術の良し悪しがどのように評価されるのかを本章の後半で見ていく．

1.1 データベースとは

複数のユーザにより閲覧・更新される大量のデータの集まりを，**データベース**（database）と呼ぶ．**データベース管理システム**（database management system, DBMS）は，データベースを管理するシステムであり，後述する4つの機能をもつ．データベースとデータベース管理システムとを合わせて**データベースシステム**と呼ぶ．データベースシステムを単にデータベースと呼ぶことも多い．

データベースシステムの構成

図1.1にデータベースシステムの概観を示す．データベースシステムのユーザは，大きく分けて2種類いる．一般ユーザと管理者である．一般ユーザをさらに人間と外部アプリケーション（プログラム）に分けて考えることもある．

データベース管理システムは以下の機能をもっていなくてはならない．

- **問合せ処理機能**：一般ユーザや管理者が発行する，データの生成，検索，更新，削除を行う問合せを受け付け，処理する機能である．ここには，問合せをなるべく高速に処理する機能（問合せ最適化機能）や，問合せ処理後のデータが管理者により指定された制約を満たすことを保証する機能（データ整合性維持機能）などが含まれる．
- **二次記憶管理機能**：二次記憶への大量のデータの読み書きを司る機能である．
- **トランザクション処理機能**：後述するような「不可分な一連の処理」を実現する機能である．ここには，複数のユーザが同時に同じデータにアクセスすることを制限する機能（同時実行制御機能）や，故障や停電等を原因とする不慮の障害からデータを守る機能（障害回復機能）などが含まれる．通常，問合せ処理機能と連携して動作する．
- **データ定義機能**：データベースシステムで扱うデータの形式や，データが満たすべき制約などを管理者が規定する機能である．

通常，コンピュータのOSはファイルシステムという機能をもっているが，ファイルシステムは上で挙げた機能を（十分には）もち合わせていない．データベースシステムではなくファイルシステムを利用して大量のデータを管理しようとすると何が起こるのか，例を通して見ていこう．

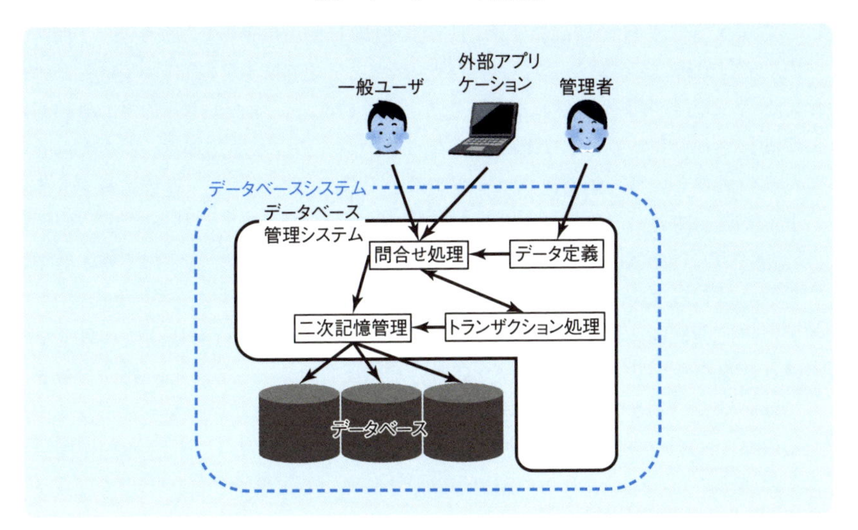

図 1.1 データベースシステムの概観

例 1.1 ある銀行の全口座情報を管理することを考える．具体的には，各口座について店番号，口座番号，口座名義人，残高の 4 種類の情報を，図 1.2 のように 1 つのテキストファイルに収めて管理するとしよう．

- **問合せ処理機能に関する問題点**：このテキストファイルに対してはさまざまな検索処理が必要になるだろう．たとえば，投資関係のダイレクトメールの送り先を絞り込むために「一定以上の残高をもつ口座の情報をすべて列挙」したり，犯罪への悪用の可能性を調査するために「同一支店内に複数の口座をもつ口座名義人をすべて列挙」したりといった検索処理である．このような処理ごとに，検索のためのプログラムが必要になる．しかも，これらのプログラムは，テキストファイルの形式（1 行 1 口座，情報の間の区切りはコンマ）を正確に知っている人でないと書けない．
- **二次記憶管理機能に関する問題点**：ファイルシステムでは，ファイルを最小のデータ単位として取り扱う．1 口座分の情報（つまり 1 行）だけ更新する場合でも，ファイル全体をメモリ上にロードしなければならない．また，ファイル内での所望の情報の位置を高速に知るための索引というデータを付加する機能がなかったり，あったとしても限定的であったりすることが多い．
- **トランザクション処理機能に関する問題点**：口座 A から口座 B に 1 万円を振り込む場合を考える．この振込は，処理 X「口座 A の残高から 1 万円減じる処理」

と処理Y「口座Bの残高に1万円加える処理」とから成り立っている．「振込の成功」は処理XとYがどちらも実行されたことを意味し，「振込の失敗」は処理XとYがどちらも実行されなかったことを意味する．すなわち，片方の処理だけが実行されたということが起きてはならない．このような処理X, Yを不可分な一連の処理という．通常，ファイルシステム側には不可分な一連の処理をサポートする機能はないため，振込処理を行うプログラムは，どんな状況下でも処理X, Yの片方だけを実行して終了してしまうことがないように，注意深く書かれていなければならない．

- **データ定義機能に関する問題点**：銀行口座情報は，「どの行も残高は0以上でなければならない」という制約や「店番号と口座番号がともに等しい行が複数あってはいけない」といった制約を満たしていなければならない．ファイルシステムではファイルの中身に関する制約をサポートしていないため，出金や口座開設などの処理のたびに，これらの制約が満たされていることをチェックするプログラムを実行する必要がある． ◯

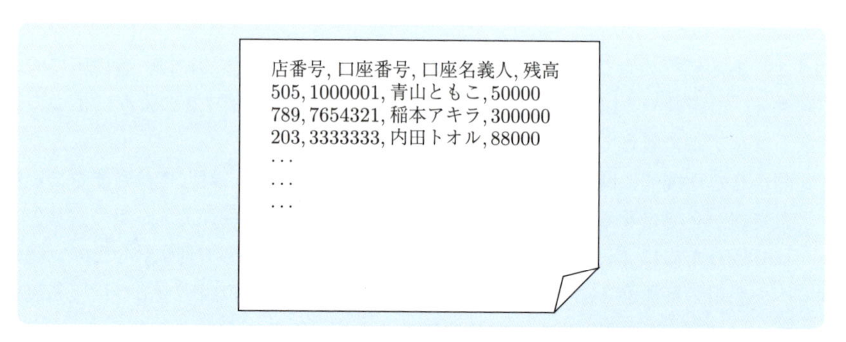

図 1.2 テキストファイル形式の銀行口座情報

3層スキーマ構造

上で見た例からは，データベースシステムがもつべき機能は何かということだけでなく，そもそもコンピュータで情報を扱うときに従うべき次のような指針が見えてくる．

> まず，実世界の情報をモデル化すること，すなわち，情報の構成要素や満たすべき制約を明確に定めることが重要である．このとき，コンピュータ上

でどのようにデータを表現・実装するかや，ユーザや外部アプリケーションにどのようなデータを提供するかとは独立にモデル化するべきである．

この指針に従って設計・構築されたシステムは，図 1.3 に示すような**3 層スキーマ構造** (three schema architecture) をもつ．

実世界の情報のモデルを**概念スキーマ** (conceptual schema) と呼ぶ．本来，銀行が管理すべき口座情報には，口座名義人の住所や取引履歴など，もっと多くの情報がある．まずそれらをきちんと洗い出し，概念スキーマとして定めることが重要である．

ユーザや外部アプリケーションに提供する情報のモデルを**外部スキーマ** (external schema) と呼ぶ．ネットバンキングシステムや投資の勧誘をする営業部門にどのような情報を提供するかは，実世界の情報のモデルを定めた後に決めるべきである．

さらに，コンピュータ上でのデータの表現・実装方法も含めたモデルを**内部スキーマ** (internal schema) と呼ぶ．内部スキーマは概念スキーマのレベルの処理に影響を与えてはいけない．例 1.1 の状況では，問合せ処理を行うプログラムはテキストファイルの形式に強く依存してしまうため，この指針に反しているといえる．

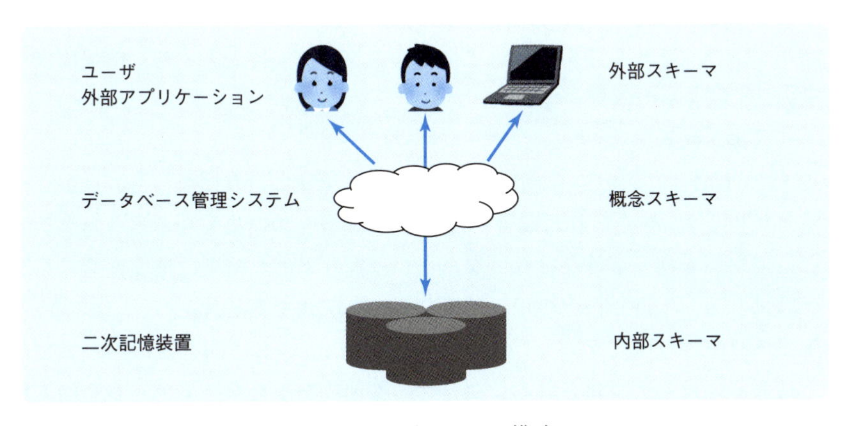

図 1.3 3 層スキーマ構造

1.2 情報検索とは

膨大な量のデータから，ユーザが所望する情報に関連があるデータを効率よく見付け出し提示すること，あるいはそれを目的とした技術や研究分野を，**情報検索**（information retrieval）と呼んでいる．対象のデータとしては，自然言語で書かれた文書，ウェブページ，静止画や動画，音声などのマルチメディアデータなどである．データベースに格納されたデータのような明確な構造を通常は仮定しない．

今，我々が情報検索技術のパワーをもっとも身近に感じられるのは，ウェブ検索であろう．ウェブ検索用の窓にキーワードを入力すると，世界中のコンピュータ上に存在するウェブページデータの中から，適切なものを適切な順に提示してくれる（もちろん，適切と思えない場合がないわけではないが）．5 章では，これがどのように実現されているのかの一端を紹介する．ここでは，情報検索という問題を一般的に考えてみることにしよう．

図 1.4 を見てほしい．ユーザが所望する情報を**情報要求**（information need）と呼ぶ．たとえば，「好きなスポーツ選手の最近の試合成績」や，「街で耳にした歌の題名や歌手」などが情報要求となろう．ユーザから見たときの情報検索の目的は，情報要求に**関連**（relevance）があるすべての対象データ（文書やウェブページなど）を得ることである．その目的のためにユーザは，情報要求を表す語句を選び，それを問合せとして情報検索システムに入力する．情報検索システムは，問合せの結果となるべき対象データ（文書やウェブページなど）を，ユーザに提示する．

ここで，図 1.4 においてもっと深く掘り下げて考えなければならない点が 2 点ある．1 点目は，与えられた問合せに対し，「問合せの結果となるべき対象データとは何か」を掘り下げなければならない．掘り下げた結果は情報検索のモデルと呼ばれる．本書で扱うのは以下の 2 つのモデルである．

- **ブーリアン検索モデル**（Boolean retrieval model）：問合せは論理式で記述あるいはモデル化される．問合せの論理式を満たす対象データを検索結果として返す．
- **ランクあり検索モデル**（ranked retrieval model）：対象データと問合せの

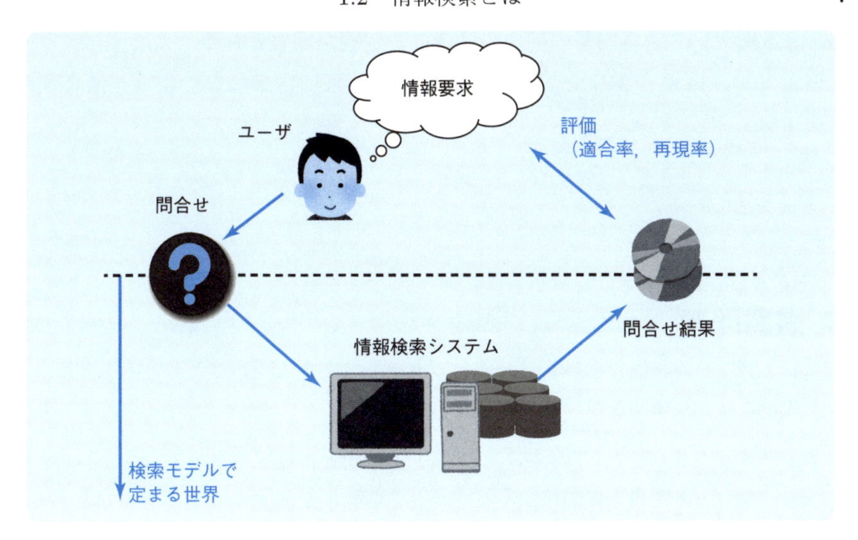

図 1.4 情報検索のモデルと評価

間の関連の度合いを求め，その度合いが高い対象データから順に検索結果として返す．

ランクあり検索モデルはブーリアン検索モデルの一般化とみなすこともできる．ブーリアン検索モデルは意味論に曖昧さ（自由度）がないが，ランクあり検索モデルでは関連の度合いの設計に自由度がある．そして，関連の度合いの設計は，次に述べるように，その情報検索システムの性能を大きく左右する．

掘り下げるべき点の2点目は，情報検索システムの性能評価，すなわち，検索結果がもともとの情報要求にどれくらい合致しているのかという点である．合致の度合いを表す指標として，以下の2つの指標がしばしば用いられる．

- **適合率**（precision）：検索結果のデータのうち，情報要求に関連があったデータの割合．
- **再現率**（recall）：情報要求に関連があるすべてのデータのうち，検索結果として返ってきたデータの割合．

両方の指標値を1にできれば理想的であるが，関連の有無や度合いはユーザの主観に依存することもあり，それは不可能である．そこで，利用目的や利用場面に応じて，どちらかの指標を重視したり両者のバランスをとったりするように，情報検索システム内での関連の度合いの定義が調整される．たとえば，ウェブ検索では，関連の少ないページがなるべく結果に含まれないよう，適合率を重視することが多い．

演習問題

□ **1.1** 例 1.1 の状況における同時実行制御機能に関する問題点と障害回復機能に関する問題点を具体的に挙げてみよ．

□ **1.2** 以下のそれぞれのケースについて，適合率と再現率を求めよ．なお，いずれのケースも，情報要求に関連があるデータの個数は全部で 100 個であったとする．

(1) 検索結果として返ってきたデータは 200 個であり，そのうちの 80 個が情報要求に関連があるデータであった．

(2) 検索結果として返ってきたデータは 1 個だけであり，それは情報要求に関連があるデータであった．

(3) 検索結果として返ってきたデータは 100 万個であり，情報要求に関連がある 100 個のデータはすべて検索結果に含まれていた．

第2章

関係データモデル

本章では，データベースのモデルとして最も一般的な関係データモデルについて述べる．データモデルとは，現実世界のデータを抽象化した表現のことであり，具体的には，データの構造，データの操作，データに対する制約の体系を定めている．関係データモデルはIBMのコッドにより1970年に提案されて以降，理論面，実用面ともに多数の実績があり，ユーザにとっても直観的でわかりやすく，汎用性も十分であることから現在でも主流のモデルとなっている．

あわせて，関係データベースシステムに対する標準問合せ言語であるSQLについても紹介する．

関係
関係代数
キー制約と参照一貫性制約
SQL

2.1 関係

関係データモデル（relational data model）とは，表 2.1 のような表形式の構造をもつデータを対象としたデータモデルである．表の名前と表の 1 行目の見出しにあたる部分を関係スキーマと呼び，1 行目の各列に現れるキーワードそれぞれを属性と呼ぶ．表の 2 行目以降全体を関係と呼び，2 行目以降の各行をタプルと呼ぶ．タプルは，関係データモデルにおいて，ひとまとまりの情報を表す最小単位である．

表 2.1　関係「マイレージ会員名簿」I

会員番号	会員名	マイル残高
001	青山ともこ	11111
002	稲本アキラ	2222
003	内田トオル	33
004	遠藤かなえ	4444
005	岡崎ななえ	555
006	香川ナオト	666666
007	清武みほこ	$\perp$

例 2.1　関係の例を表 2.1 に示す．「マイレージ会員名簿という関係は会員番号，会員名，マイル残高という属性からなる」という情報がデータの構造を規定しており，この例における関係スキーマである．2 行目以降の各行が具体的な値をもつタプルであり，たとえば最初のタプルは会員番号が 001 で，会員名が青山ともこで，マイル残高が 11111 であるような 1 人の情報を表している．この例では，7 人分の情報に相当するタプルが関係「マイレージ会員名簿」に格納されている．　○

以下，形式的な定義を与える．**関係スキーマ**（relation schema）とは，**関係名**（relation name）R と，**属性名**（attribute name）の有限集合 U との対 $R[U]$ である．しばしば，属性名を単に**属性**（attribute）と呼ぶ．関係スキーマ $R[U]$ において属性 A が取り得る値の集合を $R[U]$ における A の**ドメイン**（domain）と呼ぶ．たとえば，整数，文字列，論理値などをドメインとして指定することができる．関係スキーマ $R[U]$ 上の**タプル**（tuple）あるいは**組**とは，U から各属性のドメインへの関数である．タプル t における属性 A の値を $t(A)$ と書く．

また，タプル t の定義域を $X \subseteq U$ に制限したタプルを $t[X]$ と書く．タプル t の属性値を何らかの順で列挙することにより，t を $(a_1, \ldots, a_n)$ のように書き表すことがある．一般に，タプルは部分関数であってもよい．すなわち，ある属性 A に対して $t(A)$ が定義されていないような t もタプルと考える．値が未定義であることを表すために，**ナル値**（null value）と呼ばれる特別な値を用いる．本書ではナル値を $\perp$ で表す．

関係スキーマ $R[U]$ 上のタプルの有限集合を，$R[U]$ の**関係インスタンス**（relation instance）と呼ぶ．関係インスタンスを単に**関係**（relation）と呼んだり，特に実用の世界で**テーブル**（table）と呼んだりすることもある．以下，$R[U]$ の U を省略して単に R と書くことがある．U に含まれる属性の個数を R の**次数**（degree）と呼ぶ．次数が 1 の関係を単項（unary）関係，次数が 2 の関係を二項（binary）関係，一般に次数が n の関係を n 項（n-ary）関係という．

一般に，1 つのデータベースは複数の関係から構成される．**データベーススキーマ**（database schema）$\mathbf{R}$ とは，関係スキーマの有限集合である．$\mathbf{R}$ の**データベースインスタンス**（database instance）とは，$\mathbf{R}$ に含まれる各関係のインスタンスの集合である．データベーススキーマがデータの静的な構造を定義しているのに対し，データベースインスタンスはある時点でのデータの値を示している．データベースインスタンスは対象となる実世界の状態の変更に伴って変化する．これはプログラミング言語における型と値の関係と同様である．

例 2.2 表 2.1 において，R = マイレージ会員名簿，U = { 会員番号, 会員名, マイル残高 } であり，R の次数は 3 である．$R[U]$ における属性「会員番号」のドメインは，この表では示されていないが，数字 3 文字からなる文字列の集合と考えることができる．

表 2.1 の 2 行目以降が $R[U]$ の関係インスタンスである．最初のタプルを t，X = { 会員番号, 会員名 } としたとき，t(会員番号) = 001 であり，「会員番号」「会員名」の順に列挙すると $t[X]$ = (001, 青山ともこ) である．会員番号が 007 であるタプルのマイル残高はナル値である．ナル値を許すことによって，会員登録はされているが，マイル残高が不明であるような会員の情報もデータベースに格納することができる．その後，マイル残高が判明した段階で具体的な値に修正すればよい．　○

問 2.1　関係スキーマや関係インスタンスの定義をもとに，以下について考えよ．

(1)　属性の並び順に意味はあるか．たとえば, $U_1 = \{$ 会員番号, 会員名, マイル残高 $\}$, $U_2 = \{$ 会員名, 会員番号, マイル残高 $\}$ としたとき，$R[U_1]$ と $R[U_2]$ は関係スキーマとして区別されるか．

(2)　タプルの並び順に意味はあるか．たとえば，会員番号が 001 であるタプルと会員番号が 002 であるタプルの表示順を入れ替えたとき，それらは「マイレージ会員名簿」の関係インスタンスとして区別されるか．

(3)　一つの関係に同じ値をもつタプルが複数存在できるか．たとえば，「マイレージ会員名簿」の関係インスタンスとして，会員番号が 001，会員名が青山ともこ，マイル残高が 11111 であるようなタプルが 2 つ含まれていてもよいか．　◯

コラム　本節の定義では，関係の定義に属性名を使用したが，属性名を使用しない流儀もある．名前付き表現（named perspective）では，属性名はスキーマの一部であるとみなされ，問合せや 2.3 節で述べる制約を記述する際に用いられる．名前なし表現（unnamed perspective）では，関係の定義において属性名は無視され，項数（arity）のみが使用される．タプルは属性値の順序付きの組として定義され，属性名の代わりに，タプル t の i 番目の項というように順序を示す数値で属性が指定される．この対応があれば名前あり表現と名前なし表現の違いはほとんどなく，状況に応じて両者を使い分けることができる．　◯

2.2 関係代数

関係インスタンスを操作する枠組みとして**関係代数**（relational algebra）と呼ばれる演算体系を導入する．関係代数は関係を操作するためのいくつかの単純な代数演算を提供している．代数演算は関係インスタンスに対する単項または二項の演算子から構成される．関係代数では，結果を生成するために適用する一連の演算子として問合せを記述するため，概念的には手続き的（procedural）な言語である．以下，各演算子を順に紹介する．

選　択

選択（selection）演算 σ は，関係インスタンス I と条件式 C を引数としてとり，I において C を満たすタプルの集合を結果として返す演算である．すなわち，以下のように定義される．

$$\sigma_C(I) = \{t \in I \mid t\ は\ C\ を満たす\}.$$

条件式としては，「属性名 比較演算子 属性名」や「属性名 比較演算子 属性値」の論理積，論理和，否定の形の式を利用できる．比較演算子としては，通常のプログラミング言語で定義されているような $=$，$<$，$>$ などが利用できる．選択演算は結果の表の次数は変えずに，水平方向に行を選択する演算である．

例 2.3 以下，表 2.1 に示すインスタンスを I とする．表 2.2 は，I に対して条件式 C を「マイル残高 $\geq$ 10000」としたときの選択演算の適用結果である．○

表 2.2　選択演算 $\sigma_{マイル残高 \geq 10000}(I)$ の適用結果

会員番号	会員名	マイル残高
001	青山ともこ	11111
006	香川ナオト	666666

射　影

射影（projection）演算 π は，関係スキーマ $R[U]$ の関係インスタンス I と属性集合 $X \subseteq U$ を引数としてとり，I 中の各タプルの定義域を X に制限したタプルの集合を結果として返す演算である．すなわち，以下のように定義される．

$$\pi_X(I) = \{t[X] \mid t \in I\}.$$

射影演算は垂直方向に列の選択を行う演算である．もし X の値が同一であるようなタプルが 2 つ以上存在する場合はそれらは 1 つに集約される．

例 2.4　表 2.3 は，I に対して X を { 会員番号, 会員名 } としたときの射影演算の適用結果である． ○

表 2.3　射影演算 $\pi_{会員番号,\ 会員名}(I)$ の適用結果

会員番号	会員名
001	青山ともこ
002	稲本アキラ
003	内田トオル
004	遠藤かなえ
005	岡崎ななえ
006	香川ナオト
007	清武みほこ

和 集 合

和集合（union）演算 $\cup$ は，以下で述べる和両立という条件を満たす関係スキーマ $R[U]$，$S[V]$ 上の関係インスタンス I と J を引数としてとり，その集合和を結果として返す演算である．すなわち，以下のように定義される．

$$I \cup J = \{t \mid t \in I \text{ または } t \in J\}.$$

2 つの関係スキーマ $R[U]$，$S[V]$ が**和両立**（union-compatible）であるとは，$U = V$ であり，かつ各 $A \in U$ について $R[U]$ における A のドメインと $S[V]$ における A のドメインが等しいことをいう．

和演算を適用した結果も集合であるため，もし両関係に同じタプルが存在する場合には重複は除外され，1 つのタプルだけが残る．

コラム 本書では，理論的な簡潔さを優先して，$R[U]$ と $S[V]$ が和両立であるためには $U = V$ でなければならないという定義を採用した．しかし，実用上は，この定義はしばしば厳しすぎる．たとえば「価格」と「値段」のように，属性名としては異なっていても同じ意味の情報を表す場合がしばしばあるからである．そのため，U と V の間の対応関係が与えられているという前提のもと，$U \neq V$ であっても対応する属性のドメインが同じであればよいという定義も存在する．実用の場面では，通常，属性間の対応関係は属性名の記述順で示される． ◯

差 集 合

差集合（difference）演算 $-$ は，和両立な関係スキーマ $R[U]$，$S[V]$ 上の関係インスタンス I と J を引数としてとり，その集合差を結果として返す演算である．すなわち，以下のように定義される．

$$I - J = \{t \mid t \in I \text{ かつ } t \notin J\}.$$

例 2.5 表 2.4 は関係「マイレージ会員名簿」と関係「提携会社マイレージ会員名簿」それぞれの属性集合 { 会員番号, 会員名 } 上への射影に対して，和集合演算，差集合演算を適用した結果である． ◯

表 2.4 和集合演算 $I \cup J$，差集合演算 $I - J$，$J - I$ の適用例

関係「提携会社マイレージ会員名簿」J

会員番号	会員名	マイル残高
001	青山ともこ	111
002	稲本アキラ	22222
003	内田トオル	3333
101	久保ユウタ	17777
102	今野しおり	1888

$\pi_{\text{会員番号, 会員名}}(I) \cup \pi_{\text{会員番号, 会員名}}(J)$

会員番号	会員名
001	青山ともこ
002	稲本アキラ
003	内田トオル
004	遠藤かなえ
005	岡崎ななえ
006	香川ナオト
007	清武みほこ
101	久保ユウタ
102	今野しおり

$\pi_{\text{会員番号, 会員名}}(I) - \pi_{\text{会員番号, 会員名}}(J)$

会員番号	会員名
004	遠藤かなえ
005	岡崎ななえ
006	香川ナオト
007	清武みほこ

$\pi_{\text{会員番号, 会員名}}(J) - \pi_{\text{会員番号, 会員名}}(I)$

会員番号	会員名
101	久保ユウタ
102	今野しおり

自然結合と直積

自然結合（natural join）演算 $\bowtie$ は，関係スキーマ $R[U]$ 上の関係インスタンス I と関係スキーマ $S[V]$ 上の関係インスタンス J を引数としてとり，以下で定義される $U \cup V$ 上の関係インスタンスを結果として返す．

$$I \bowtie J = \{t \mid t[U] \in I \text{ かつ } t[V] \in J\}.$$

すなわち，U と V で同じ名前をもつ属性の値がすべて等しいようなタプル $r \in I$ と $s \in J$ のすべての組合せについて，r と s を「横につなげた」ようなタプルからなる関係インスタンスを返す．$U \cap V = \emptyset$ のときはしばしば**直積**（Cartesian product）演算と呼ばれ，$I \times J$ と書く．

例 2.6　表 2.5 は関係「マイレージ会員名簿」と関係「搭乗履歴」の自然結合をとった結果である．2つの関係の共通の属性は会員番号であるので，それぞれの関係から会員番号が等しいタプル同士を結合する．　○

表 2.5　自然結合演算 $\bowtie$ の適用例

関係「搭乗履歴」K

会員番号	日付	便名
001	4/1	J101
002	5/1	A201
002	6/1	A202
⊥	7/1	J301

関係「マイレージ会員名簿」$\bowtie$ 関係「搭乗履歴」

会員番号	会員名	マイル残高	日付	便名
001	青山ともこ	11111	4/1	J101
002	稲本アキラ	2222	5/1	A201
002	稲本アキラ	2222	6/1	A202

本書では，$R[U]$ 上のタプル t_I と $S[V]$ 上のタプル t_J に対して $\{t\} = \{t_I\} \bowtie \{t_J\}$（あるいは $\{t\} = \{t_I\} \times \{t_J\}$）を満たすタプル t が存在するとき，t を $t_I \bowtie t_J$（あるいは $t_I \times t_J$）と書くことがある．

属性名変更

属性名変更 (renaming) 演算 δ は，関係スキーマ $R[U]$ 上の関係インスタンス I と，属性名の対応を表す全単射 f を引数としてとり，f にしたがって I の属性名を付けかえた関係インスタンスを結果として返す演算である．すなわち，以下のように定義される．

$$\delta_f(I) = \{t_r \mid r \in I \text{ かつ各 } A \in U \text{ について } t_r(f(A)) = r(A)\}.$$

ただし，$f(A)$ のドメインは A のドメインと等しいと定義する．

名前付き表現では属性名が同じもの同士でしか自然結合を行えないため，異なる属性名の間の結合を可能とするためには属性名の変更を行う必要がある．この演算子により，たとえば，属性「会員名」を「名前」に付けかえた後に属性「名前」をもつ関係と自然結合を行う，といったことが可能になる．

コラム　$R[U]$ のインスタンス I と $S[V]$ のインスタンス J に共通の属性があるとき，すなわち，$U \cap V \neq \emptyset$ のときにも直積演算が行えるように直積の定義を拡張する流儀もある．この定義では，まず，R, S 両関係の各属性 A について，属性名変更演算 δ を用いて，$R.A$，$S.A$ のように関係名を接頭辞として付けて属性名の変更を行う．これにより，$U \cap V = \emptyset$ となることが保証される．この後，通常の直積演算 $I \times J$ を行う．

たとえば，例 2.6 において，2 つの関係の直積をとった場合，会員番号という属性は「マイレージ会員名簿.会員番号」と「搭乗履歴.会員番号」のように別々の属性として区別される．　○

共通集合

共通集合 (intersection) 演算 $\cap$ は，和両立な関係スキーマ $R[U]$，$S[V]$ 上の関係インスタンス I と J を引数としてとり，その共通集合を結果として返す演算である．すなわち，以下のように定義される．

$$I \cap J = \{t \mid t \in I \text{ かつ } t \in J\}.$$

共通集合演算は和集合演算と差集合演算を用いて以下のようにも表現できる．したがって，共通集合演算は利便性のために導入されたものである．

$$I \cap J = (I \cup J) - ((I - J) \cup (J - I)).$$

問 2.2 I と J がどちらも $R[U]$ 上のインスタンスであるとき，$I \cap J = I \bowtie J$ であることを示せ． ○

例 2.7 表 2.6 は関係「マイレージ会員名簿」と関係「提携会社マイレージ会員名簿」それぞれの属性集合 { 会員番号, 会員名 } 上への射影に対して，共通集合演算 ∩ を適用した結果である． ○

表 2.6 $\pi_{会員番号,\ 会員名}(I) \cap \pi_{会員番号,\ 会員名}(J)$ の適用結果

会員番号	会員名
001	青山ともこ
002	稲本アキラ
003	内田トオル

商

商（division）演算 ÷ は，関係スキーマ $R[U]$ 上の関係インスタンス I と関係スキーマ $S[V]$ 上の関係インスタンス J （ただし $V \subseteq U$）を引数としてとり，以下で定義される $U - V$ 上の関係インスタンスを結果として返す．

$$I \div J = \{t \mid \{t\} \times J \subseteq I\}.$$

すなわち，任意のタプル $s \in J$ について，タプル $t \times s$ が I に属すような t からなる関係インスタンスを返す．商演算は他の演算を用いて以下のようにも表現できる．

$$I \div J = \pi_{U-V}(I) - \pi_{U-V}(\pi_{U-V}(I) \times J - I).$$

例 2.8 表 2.7 は関係「搭乗予約」÷ 関係「便名」を適用した結果である．直観的には，関係「便名」に登録されているすべての便に搭乗予約している顧客の会員番号を返す． ○

表 2.7 商演算 ÷ の適用例

関係「搭乗予約」L

会員番号	便名
001	A201
001	J102
002	A201
002	A202
003	J101
003	A202
004	A201
004	A202

関係「便名」

便名
A201
A202

関係「搭乗予約」÷ 関係「便名」

会員番号
002
004

問 2.3 $V \cap W = \emptyset$ とする．任意の $S[V]$ 上の関係インスタンス J と $T[W]$ 上の関係インスタンス K について，$(K \times J) \div J = K$ が成立することを示せ． ○

前述の通り，共通集合と商は他の演算子を用いて書けるため，選択，射影，自然結合（または直積），和集合，差集合の 5 つが関係代数における基本的な演算子となる．また，名前付き表現においては商および自然結合で属性名の同一性が重要になるため，属性名変更演算子が導入されている．

関係代数問合せ

関係代数における**問合せ**（query）とは，入力となる関係，上述の演算，および定数関係 $\{(a)\}$ を組み合わせた式である．演算の優先順位を示すために $\pi_X(\sigma_C(I))$ のように括弧を使うことができるが，自明な場合には省略することがある．問合せの意味は演算を順番に適用した結果として自然に定義される．

例 2.9 関係代数問合せの例をいくつか挙げる．

- 「マイレージ会員名簿」のインスタンス I から，マイル残高が 10000 以上である顧客の会員番号を求める問合せ：

$$\pi_{\text{会員番号}}(\sigma_{\text{マイル残高} \geq 10000}(I))$$

- 「マイレージ会員名簿」のインスタンス I と「搭乗履歴」のインスタンス K から，搭乗履歴があり，かつマイル残高が 1000 以下である顧客の会員番号と会員名を求める問合せ：

$$\pi_{\text{会員番号, 会員名}}(\sigma_{\text{マイル残高} \leq 1000}(I \bowtie K))$$

- 「搭乗予約」のインスタンス L のタプルのうち，過去に同一の便名の搭乗履歴のない会員番号と便名の組を求める問合せ：

$$L - \pi_{\text{会員番号, 便名}}(K)$$ ○

コラム 自然結合演算では，共通の属性の値が同じであるようなタプルのみが結果に含まれる．これに対し，そのようなタプルに加え，一方の関係のみに存在するタプルも結果に含める**外部結合**（outer join）と呼ばれる演算が導入されることがある．たとえば，自社のマイレージ会員名簿と提携会社のマイレージ会員名簿を外部結合すると，ある会員が提携会社のマイレージ会員でもある場合は該当するタプルを結合し，そうでない場合は提携会社のすべての属性をナル値としたタプルを結果に含めることができる．

外部結合には，どちらの関係のタプルを残すかによって左外部結合（left outer join）と右外部結合（right outer join），また両方の関係のタプルを残す完全外部結合（full outer join）の3種類がある．左外部結合であれば演算子の左側の関係のタプルをすべて残す．このとき，右側の関係と結合するタプルがない場合は，右側の関係の属性はすべてナル値で埋められる．右外部結合，完全外部結合も同様に定義される．

外部結合は他の演算を使って表現できる．たとえば，左外部結合は，I の属性集合を X としたとき，次のように書ける．

$$(I \bowtie J) \cup ((I - \pi_X(I \bowtie J)) \times \{(\bot, \ldots, \bot)\})$$ ○

関係論理

関係代数とは別の問合せ言語の枠組みとして，**関係論理**（relational calculus）がある．関係論理は一階述語論理に基づいており，問合せ結果に含まれるタプルが満たすべき性質のみを記述し，解を生成するアルゴリズムについては言及しない．この意味で，関係論理は宣言的（declarative）である．

ここでは関係論理について簡単に紹介する．関係論理には**タプル関係論理**（tuple relational calculus）と**ドメイン関係論理**（domain relational calculus）がある．タプル関係論理では，タプルに対して変数を使用する．たとえば，マイル残高が10000以上であるマイレージ会員の搭乗予約は次の式で得られる．

$$\{t \mid \exists u(\text{マイレージ会員名簿}(u) \wedge u[\text{マイル残高}] \geq 10000 \\ \wedge \text{搭乗予約}(t) \wedge u[\text{会員番号}] = t[\text{会員番号}])\}$$

ドメイン関係論理では，ドメインの要素に対して変数を使用する．上と同じ問合せをドメイン関係論理で記述すると以下のようになる．

$$\{(x_1, x_2) \mid \exists y_1 \exists y_2(\text{マイレージ会員名簿}(x_1, y_1, y_2) \wedge y_2 \geq 10000 \\ \wedge \text{搭乗予約}(x_1, x_2))\}$$

関係論理の枠組みに否定 $\neg$ を導入すると，答えが無限になるような問合せを容易に記述できてしまう．たとえば，$\{x \mid \neg\text{マイレージ会員名簿}(001, \text{青山ともこ}, x)\}$ という問合せは，x の取り得る範囲について制限されていないため，無限の結果を生成してしまう．この問題を避けるために，**安全**（safe）なタプル関係論理，安全なドメイン関係論理という概念が定義されている．形式的な定義は省略するが，直観的には，変数が動く範囲をインスタンスまたは問合せ式に現れる値に限定することで結果がドメインに依存しないことを保証している．

関係代数と安全なタプル関係論理，安全なドメイン関係論理はどれも等価な表現能力をもつことが知られている．すなわち，どれか 1 つの枠組みで記述できる問合せは他の枠組みでも記述でき，逆に，どれか 1 つの枠組みで記述できない問合せは他の枠組みでも記述できない．問合せ言語がこのクラスの表現能力をもつことを**関係完備**（relational complete）であるという．

関係完備な問合せ言語で記述できない問合せの種類として，再帰的な問合せがある．たとえば，ある都市から別の都市までの直行便のみが記載されたデータベースがあるとき，複数の便を乗り継いで到達可能なすべての都市の組合せを求めよ，という問合せは関係代数または関係論理では記述できない．

問 2.4 マイル残高が 10000 以上であるマイレージ会員の搭乗予約を得る，上の関係論理と等価な関係代数式を書け． ○

2.3 キー制約と参照一貫性制約

関係はタプルの集合であるので，関係内に同じタプルは複数存在しない．すなわち，$t \neq t'$ ならば，ある $A \in U$ が存在して $t(A) \neq t'(A)$ である．現実には，A が存在する範囲 U をもっと狭められることが多い．「$t \neq t'$ ならば，ある $A \in X$ が存在して $t(A) \neq t'(A)$」を満たす $X \subseteq U$ を，関係スキーマ $R[U]$ の**超キー**（superkey）と呼ぶ．$X = U$ とすれば X は超キーとなるため，すべての関係は必ず超キーをもつ．超キーのうち $\subseteq$ に関して極小のものを**候補キー**（candidate key）と呼ぶ．データベース設計者は，候補キーの中からキーを構成する属性の値がナル値になり得ないものを1つ，**主キー**（primary key）として選択する．主キーを指定することにより，それらの属性の値の組を使って関係中のタプルを一意に特定することができる．

キー制約（key constraint）とは，関係スキーマの主キーとすべての候補キーが指定されたとき，その任意のインスタンスが主キーと候補キーの条件を満たしていなければならないという制約である．

例 2.10 表 2.1 の関係「マイレージ会員名簿」において，会員番号がすべての顧客に対して一意に割り振られる番号であるとしたとき，属性集合 { 会員番号 }，{ 会員番号, 会員名 }，{ 会員番号, マイル残高 }，{ 会員番号, 会員名, マイル残高 } はすべて超キーである．候補キーおよび主キーは { 会員番号 } である． ○

属性値のドメインは数値集合や文字列集合などであると定義した．つまり，属性値は**原子的**（atomic）でなければならず，タプルや関係インスタンスであってはならない．関係スキーマ R がこの条件を満たすとき，R は**第 1 正規形**（first normal form）であるという．

しかし現実には，属性値としてタプルを用いたい（参照したい）場合がある．そのようなときは，参照される側の関係スキーマの主キーの値をその属性値として用いればよい．主キーの値によりタプルを一意に特定できるので，実質的に属性値としてタプルを用いた場合と同じ効果が得られる．そのような属性（一般には属性集合）のことを**外部キー**（foreign key）と呼ぶ．

外部キーは次に述べる**参照一貫性制約**（referential integrity constraint）を

満たしていなければならない．

> R, $S[U]$ を関係スキーマとし，$X \subseteq U$ を S の主キーとする．X が R から S を参照する外部キーのとき，R 上の任意の関係インスタンス I と S 上の任意の関係インスタンス J について，$\pi_X(I) \subseteq \pi_X(J)$ が成り立つ．ただし，$\pi_X(I)$ がナル値を含むことは許可される．

この制約は，より一般的には**包含従属性**（inclusion dependency）と呼ばれる．

例 2.11　表 2.5 の関係「搭乗履歴」において，属性「会員番号」は外部キーであり，関係「マイレージ会員名簿」の属性「会員番号」を参照している．つまり，関係「搭乗履歴」の属性「会員番号」に現れる値は，ナル値を除き，すべて関係「マイレージ会員名簿」の属性「会員番号」に現れていなければならない．したがって，このインスタンスは参照一貫性制約を満たしている．この様子を図 2.1 に示す．　○

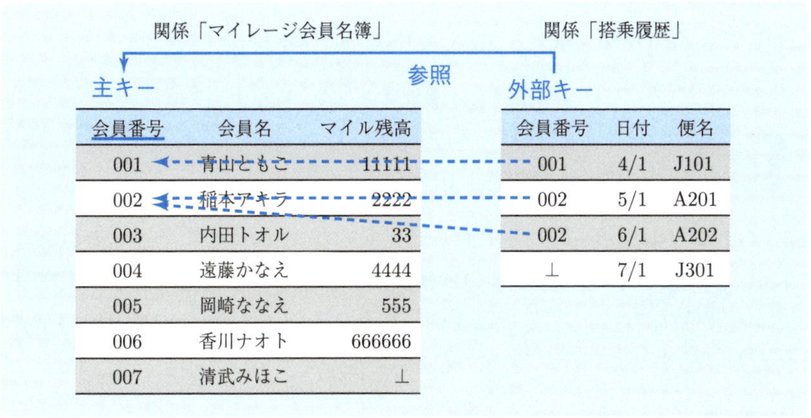

関係「マイレージ会員名簿」（主キー）

会員番号	会員名	マイル残高
001	青山ともこ	11111
002	稲本アキラ	2222
003	内田トオル	33
004	遠藤かなえ	4444
005	岡崎ななえ	555
006	香川ナオト	666666
007	清武みほこ	⊥

関係「搭乗履歴」（外部キー）　参照

会員番号	日付	便名
001	4/1	J101
002	5/1	A201
002	6/1	A202
⊥	7/1	J301

図 2.1　参照一貫性制約

これらの制約は，関係スキーマを定義する際にデータベース管理者が記述する．タプルの追加などの操作を行うとき，その更新があらかじめ記述された制約に違反しないかどうかがデータベース管理システムによって検査される．

2.4 SQL

SQL（Structured Query Language）は，商用の関係データベースに対する標準問合せ言語である．SQL は関係代数と関係論理の両方の側面があり，問合せ以外にもデータ更新やスキーマ定義の機能をもっている．SQL はもともと IBM 社のサンノゼ研究所において Sequel の名称で 1974 年に開発された．現在は米国規格協会 ANSI，国際標準化機構 ISO によって標準化されており，ほぼすべての関係データベースで実装されている．ただし，すべての DBMS がすべての標準機能をサポートしているわけではなく，また，DBMS ごとに独自の SQL 拡張が実装されていることもあり，互換性には注意が必要である．

SQL では関係データモデルにおける関係，属性，タプルのことをそれぞれテーブル（table），列（column），行（row）と呼ぶ．

データの参照

SQL による問合せ（以下 SQL 文と呼ぶ）の基本構造は次の形である．

```
SELECT  選択する列のリスト
FROM    テーブル名
WHERE   条件;
```

SELECT 句は射影演算子，FROM 句は 17 ページのコラムで述べた拡張定義に基づく直積演算子，WHERE 句は選択演算子にそれぞれ相当する．WHERE 句では論理積，論理和，否定などを使って条件を記述する．WHERE 句が省略されたときはすべての行が条件を満たすと見なされる．

例 2.12 例 2.3 の関係代数問合せ

$$\sigma_{\text{マイル残高} \geq 10000}(\text{マイレージ会員名簿})$$

は SQL 文で次のように書ける．

```
SELECT  会員番号, 会員名, マイル残高
FROM    マイレージ会員名簿
WHERE   マイル残高 >= 10000;
```

○

上の例において，FROM 句に現れるテーブルのすべての列を出力したい場合，SELECT 句で列名のリストを列挙する代わりに $*$ と書くことができる．したがって，次のように書いてもよい．

```
SELECT  *
FROM    マイレージ会員名簿
WHERE   マイル残高 >= 10000;
```

例 2.13 例 2.6 の関係代数問合せ

$$\text{マイレージ会員名簿} \bowtie \text{搭乗履歴}$$

は，表の結合条件を WHERE 句で陽に指定することにより，SQL 文で次のように書ける．

```
SELECT  マイレージ会員名簿. 会員番号, 会員名, マイル残高, 日付, 便名
FROM    マイレージ会員名簿, 搭乗履歴
WHERE   マイレージ会員名簿. 会員番号 = 搭乗履歴. 会員番号;
```

WHERE 句内では，テーブル名はそのテーブルに含まれる行を値としてとる変数として使われる．たとえば,「マイレージ会員名簿」という識別子は関係「マイレージ会員名簿」の各行を値としてとる変数である．「マイレージ会員名簿. 会員番号」のようにテーブル名と列名を併記することで，行中の特定の列の値を参照できる．ただし，ある列が FROM 句に記述されているテーブルのうちの 1 つにしか現れないときは，テーブル名は明らかなので省略できる． ○

同じテーブルに対して 2 つ以上の変数が必要な場合，FROM 句において変数名を陽に指定することができる．たとえば，A201 便よりも前の日付の便の搭乗者の会員番号を求める問合せは次のように書ける．

```
SELECT  H2.会員番号
FROM    搭乗履歴 H1, 搭乗履歴 H2
WHERE   H1.便名 = 'A201' AND H1.日付 > H2.日付;
```

次に，集合演算子（和集合，差集合，共通集合）の SQL での表現を見ていく．たとえば，A201 便にすでに搭乗したか A201 便の搭乗予約をもつかのいずれかの条件を満たす顧客の会員番号を求める問合せは，UNION を使って次のよ

うに書ける．

```
(SELECT   会員番号
 FROM     搭乗履歴
 WHERE    便名 = 'A201')
    UNION
(SELECT   会員番号
 FROM     搭乗予約
 WHERE    便名 = 'A201');
```

同様に，2つのテーブルの差集合はEXCEPT，共通集合はINTERSECTで求められる．

WHERE句の中に別のSQL文を入れ子にして記述することもできる．以下は，マイレージ会員の中でJ101便に搭乗予約のある顧客の名前を返す問合せである．

```
SELECT      会員名
FROM        マイレージ会員名簿
WHERE       会員番号 IN
    (SELECT 会員番号
     FROM   搭乗予約
     WHERE  便名 = 'J101');
```

その他，関係代数のみでは表現できない合計（SUM）や平均（AVG）といった集約操作も用意されている．次のSQL文は，すべてのマイレージ会員のマイル残高の合計を求める．

```
SELECT  SUM(マイル残高)
FROM    マイレージ会員名簿;
```

コラム　関係データモデルの理論とその実用であるSQLには大きく異なる点が2点ある．

関係代数は集合論に基づいているが，SQLは一部多重集合の概念を取り入れており，問合せの結果に重複が含まれることを許している．つまり，まったく同じ値をもつ行が2つ以上存在してもよい．これは更新が行われるごとに重複の有無を探すことの実行コストの高さを考慮して，関係モデルに厳密に従うより実用的なメリットを優先したためである．SQL でテーブルから重複を取り除くためには，SELECT 句の後ろに DISTINCT を付ける必要がある．

もう一つの違いは，順序性についてである．関係の定義では属性間やタプル間に順序はなかったが，SQL では順序による区別を行うことがある．たとえば，テーブル定義において最初に記述された列を「1 番目の」列，ある列の値によってすべての行を並べ替えたときの「1 番目の」行，のように順序に基づいた指定が可能である． ◯

テーブル定義

テーブルを定義する際には，テーブル名に続けて列名を列挙する．各列にはその**データ型**（data type）を指定する．データ型としては，文字列，数値，論理値，日付などを指定できる．以下は，会員番号を 3 文字の固定長文字列，会員名を最大 20 文字の可変長文字列，マイル残高を整数としたときのテーブル定義の例である．

```
CREATE TABLE マイレージ会員名簿 (
    会員番号    CHAR(3),
    会員名      VARCHAR(20),
    マイル残高  INT,
    PRIMARY KEY(会員番号)
);
```

ここで，PRIMARY KEY 句はこの表の主キーが会員番号であることを示している．PRIMARY KEY で指定された列には暗黙的に NOT NULL 制約が適用され，会員番号にナル値を入れることはできない．

前節で述べた参照一貫性制約は次のように記述できる．

```
CREATE TABLE 搭乗履歴 (
    会員番号  CHAR(3),
    日付      DATE,
    便名      CHAR(4),
    FOREIGN KEY(会員番号)
        REFERENCES マイレージ会員名簿 (会員番号)
);
```

NOT NULL や PRIMARY KEY，FOREIGN KEY などの制約が定義された

列に対してそれに違反するような値を格納しようとした場合，DBMS によってその違反が検出され，整合性が保たれる．

同じ問合せを何回も実行する必要がある場合，同じ SQL 文を毎回記述するのは手間がかかる．そこで，SQL 文の結果に対して仮想的なテーブルを定義しておき，これに対して名前を付ける機能が提供されている．このテーブルのことを**ビュー**（view）と呼ぶ．ビュー定義の構文は以下の通りである．

```
CREATE VIEWビュー名 AS SQL 文;
```

ビューを定義することによって，以降はビュー名でその問合せ結果にアクセスできるため，入力を効率化できる．また，あるユーザがアクセスできるデータの範囲をビューに限定する，といった目的でも使われることがある．

データの更新

次に，データの更新操作について紹介する．新しい行の挿入には INSERT を使用する．列名を省略すると，テーブル定義の際に記述した列の順に VALUES 句で記述した値が対応付けられる．列名を指定した場合はその順で値が対応付けられる．その際，指定されていない列がある場合にはその列（下の例では「マイル残高」）にはナル値が入る．

```
INSERT INTO マイレージ会員名簿
  VALUES ('008', ' 酒井あやの', '777');
INSERT INTO マイレージ会員名簿 (会員番号, 会員名)
  VALUES ('009', ' 柴崎コウタ');
```

すでにデータベースに格納されている行の値を更新するには UPDATE を使用する．以下の SQL 文は，テーブル「マイレージ会員名簿」の会員番号が 006 である行に対して，マイル残高を 666000 に変更する．

```
UPDATE マイレージ会員名簿
  SET マイル残高='666000' WHERE 会員番号='006';
```

行を削除するには DELETE を使用する．以下の SQL 文は，テーブル「マイレージ会員名簿」から会員番号が 007 である行を削除する．

```
DELETE FROM マイレージ会員名簿 WHERE 会員番号='007';
```

その他の機能

データベースユーザの作成や，ユーザごとにアクセスできるデータや操作の限定を行うための，ユーザ管理や**権限**（privilege）に関する機能がある．データベース管理者はすべての操作が可能な特権ユーザである．

SQLはDBMSの提供するコマンドラインツールを通じて対話的に実行できる他に，CやJavaなどの他のプログラミング言語に埋め込んで呼び出すこともできる．SQLを呼び出す側の言語を**ホスト言語**（host language）と呼ぶ．主要な言語とDBMSの組合せに対して，ホスト言語からSQLを呼び出すためのライブラリが提供されている．以下は，テーブル「マイレージ会員名簿」に対して変数noに格納された会員番号の情報を問い合わせるJavaプログラムの記述例である．

```
String sql="SELECT * FROM マイレージ会員名簿 WHERE 会員番号 = ?";
PreparedStatement pstmt = conn.prepareStatement(sql);
pstmt.setString(1, no);
ResultSet rs = pstmt.executeQuery();
```

このように実行時にはじめて全文が確定されるSQL文を**動的SQL**（dynamic SQL）と呼ぶ．

演習問題

□ **2.1**　表 2.8 のデータベースに対して，次の結果を求める関係代数式を書け．

(1)　「データベース」の科目コード
(2)　「加藤」が履修した科目の科目コード一覧
(3)　少なくとも 1 人の「情報」の学生が履修した科目の科目名一覧
(4)　70 未満の成績を付けていない担当教員の名前
(5)　成績が 80 以上であるすべての科目名と学生の名前の組
(6)　すべての科目を履修している学生の名前

表 2.8　履修登録データベース

関係「学生」

学籍番号	所属	学年	名前
211	情報	3	加藤
212	情報	3	木村
121	数学	4	工藤
221	数学	3	小池

関係「科目」

科目コード	科目名	担当教員
C01	データベース	阿部
C02	セキュリティ	伊藤
M01	離散数学	上田

関係「履修」

科目コード	学籍番号	成績
C01	211	82
C01	212	76
C01	221	68
C02	212	86
C02	121	74
M01	211	92
M01	212	66
M01	121	84
M01	221	70

□ **2.2**　演習 2.1 のそれぞれについて，結果を求める SQL 文を書け．

□ **2.3**　表 2.8 のデータベースにはどのようなキー制約，および参照一貫性制約が成り立っていると考えられるか．さらに，キー制約違反，参照一貫性制約違反となるようなタプルの挿入例を挙げよ．

第3章 関係データベースの設計

この章は大きく分けて２つの話題からなる．まず，実世界の情報をどのように関係スキーマに落とし込むか．次に，落とし込む先の関係スキーマは一意には決まらないため，どのような関係スキーマに落とし込むのがよいのか．

１つ目について，実世界の情報を関係データベースに格納するためには，情報を前章で述べた「関係」の形で表現する必要があり，この間にはギャップがある．このため，データモデリング手法を使って実世界を抽象化し，次に関係に変換するというステップを踏む．この手順を実体関連モデルによって概観する．

２つ目について，関係での表現方法は複数あり，その中からデータベースの維持管理の効率性という意味で，できるだけ「よい」表現を選択する必要がある．本章の後半では，この方法論となる正規化の理論と，その中で重要な役割を果たす従属性，特に関数従属性の性質について見ていく．

実体関連モデル
関係の分解と関数従属性
関数従属性の性質
関係スキーマの分解と正規形

3.1 実体関連モデル

データベースの設計は，図 3.1 に示すように，3 段階の設計フェーズにより実施される．

まず第 1 フェーズは**概念設計**（conceptual design）である．このフェーズではDBMS のデータモデルとは独立に対象世界を記述した**概念モデル**（conceptual model）を設計する．具体的には，実世界の対象を分析し，データベースに格納すべき項目と項目間に成り立つ制約を洗い出す．第 2 フェーズは**論理設計**（logical design）である．このフェーズでは，概念モデルをもとに DBMS が提供しているデータモデルに従った**論理モデル**（logical model）を設計する．第 3 フェーズは**物理設計**（physical design）である．このフェーズでは，データベースがどのように利用されるかを想定した上で，データベースが効率性の要求基準を満たすように，データの物理的格納方法の設計，すなわち**物理モデル**（physical model）を与える．

データベース設計は一般にはこれら 3 フェーズを順番に実施し，前のフェーズに戻らないことが理想であるが，実際にはこれら 3 フェーズがいったん完了した後にすべてのフェーズに関わるような調整がなされることもある．

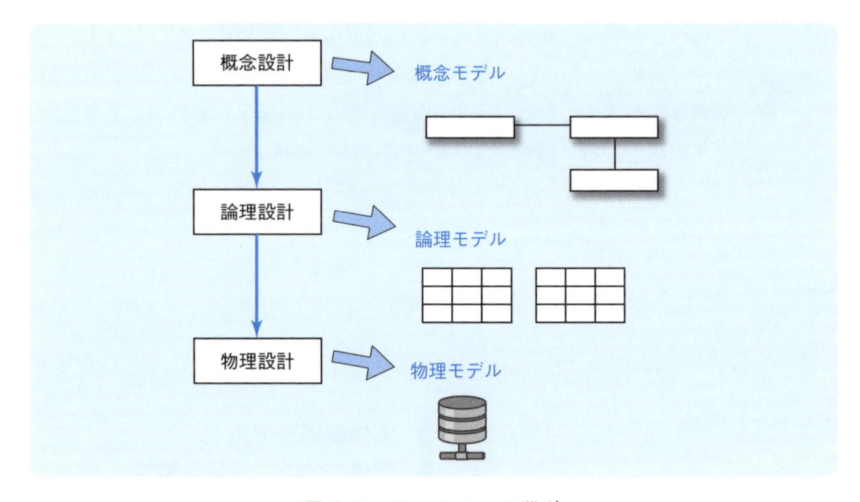

図 3.1　データベース設計

概念設計でよく使われる分析手法として，**実体関連モデル**（entity relationship model）を用いた手法がある．実体関連モデルでは分析の結果として**実体関連図**（entity relationship diagram）を作成する．実体関連図の表記法はモデルの提唱者であるチェンの記法，現在よく使われているIDEF1X表記などがあるが，本書では同じくよく使われているIE表記法を採用する．

実体関連モデルは関係データベースシステムが直接扱うことはできないため，概念設計で作成した実体関連図を関係の集まりに変換する．概念設計が比較的主観的な作業によって行われるのに対し，論理設計は3.4節で述べる**正規化**（normalization）理論に基づいて形式的に行われる．これによって生成されたスキーマは冗長性の観点で望ましい性質をもつことが保証される．

実体関連モデル

実体関連モデルの構成要素として，実体集合，属性，関連がある．これらを順に見ていこう．

現実の世界で識別できるオブジェクトを**実体**（entity）と呼ぶ．たとえば，航空機の搭乗客管理データベースの例において，個々の乗客や乗員が実体にあたる．同じ性質をもつ実体の集まりを**実体集合**（entitiy set）と呼ぶ．実体集合同士は互いに素である必要はなく，たとえば，乗員が乗客になるときがあってもよい．実体の性質は**属性**（attribute）によって記述される．たとえば，乗客の属性には，氏名，生年月日，性別などがある．実体集合ごとに，その集合に属する実体がどのような属性をもつかを概念設計時に決定する．各属性には，その属性の値としてとることができる範囲を示すドメインが定められる．たとえば，氏名は20字以下の文字列である，生年月日は'yyyy/mm/dd' という形式の文字列である，といったようなドメインが定められる．これはプログラミング言語における変数の型の概念と同様である．

各実体集合には，**候補キー**（candidate key）が定義される．候補キーとは，その実体集合中の実体を一意に識別できるような極小の属性集合のことである．一般に，候補キーは複数存在し得るが，データベース設計者はその中の1つを**主キー**（primary key）として選択する．ただし，主キーを構成する属性はナル値を含んではならない．たとえば，実体集合「乗員」が社員番号，氏名，生年月日，性別という属性からなるとき，社員番号がわかればどの社員であるかを

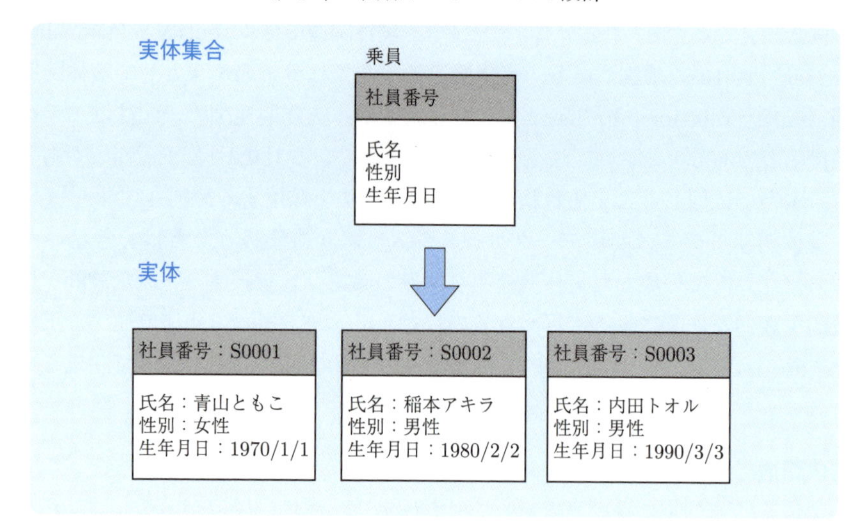

図 3.2 実体集合の表記

一意に識別できるため，{社員番号}は実体集合「乗員」の候補キーである．

実体集合「乗員」の表記例を図 3.2 に示す．実体集合は長方形で囲み，枠内の線の上部に主キー，下部にそれ以外の属性を列挙する．各属性に具体的な値を割り当てたものが実体を表す．

関連（relationship）とは，2つ以上の実体の間に存在する係わり合いのことである．たとえば，ある乗員はあるフライトに「乗務する」という関連がある．関連には**多重度**（multiplicity）を設定する必要がある．多重度には以下の4種類がある．

- **一対一**（one-to-one）：一方の実体と他方の実体が一対一で決まる，という関連である．たとえば，実体集合「搭乗予約」に対してその決済の完了状況を表す実体集合「支払」を考える．1つの搭乗予約に対して，その決済が完了しているか否かを示す1つの支払情報が存在する．ここで，支払情報は対応する搭乗予約なしには存在し得ない．このような意味で，実体集合間には「搭乗予約」が親であり「支払」が子であるという依存関係が存在する．一方，2つの実体集合が依存関係にない場合は，それらを紐付けるデータがなくても各々の実体が存在できる．

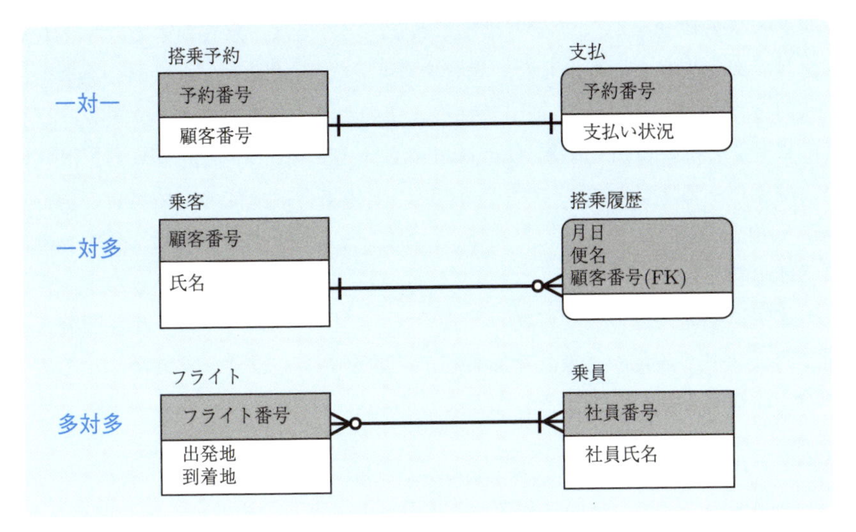

図 3.3 関連の多重度

- **一対多**（one-to-many）または**多対一**（many-to-one）：たとえば，1人の乗客には複数回の搭乗履歴がある，というような関連である．多のほうの実体数は0でもよい場合と1以上でなければならない場合を区別して記述する．この例では，乗客が登録されていても搭乗履歴はないというケースも考えられるので，1対0以上の関係となる．また，搭乗履歴は乗客なしでは存在し得ないため，これらの実体間には依存関係が存在する．
- **多対多**（many-to-many）：たとえば，1回のフライトには必ず1人以上の乗員がいて，かつ，1人の乗員は複数のフライトに乗務するという関連である．このときも，多のほうの実体数が0でよい場合と1以上の場合を区別して記述する．フライトには1人以上の乗員が必要であるが，まだどのフライトにも乗務していない乗員がいてもよい．

実体関連図での多重度の表記例を図3.3に示す．依存関係のある実体は子の方を角丸長方形で記す．関連のある実体間は実線で結ぶ．多重度の表記として，0は丸で，1は縦棒で，多は鳥の足と呼ばれる記号を使う．多重度の範囲が決まっているときには，その数を指定することもある．

実体集合間の関係に，オブジェクト指向設計で用いるようなスーパータイプ・

サブタイプの概念を導入することもできる．たとえば，乗客の中で，マイレージ会員である乗客を切り出したい場合を考えると，「マイレージ会員の乗客」は「乗客」のサブタイプとして抽出される．このときの「乗客」と「マイレージ会員の乗客」の関係は**汎化階層**（generalization hierarchy）と呼ばれる．汎化階層の関係にある実体集合について，下位の実体集合は上位の実体集合の属性を**継承**（inheritance）する．たとえば，「マイレージ会員の乗客」は「乗客」のもつ属性集合に加え，さらに「マイレージ会員番号」という属性をもつ．

実体関連図を共通の表記に従って書くことで，システムのユーザと開発者の間でデータベース化の対象となる業務モデルを共有したり，成果物としてデータの仕様を引き継いだりすることができるというメリットがある．

関係モデルへの変換

実体関連図は，次の論理設計フェーズのもととなる関係モデルに変換される．実体集合はそのまま関係に置き換えられ，実体集合の属性がその関係の属性になる．ドメインと主キーもそのまま移行できる．関連も，実体集合と同様に，そのまま関係に置き換えられる．一対多の関連であれば，「一」側の主キーを外部キーとして「多」側の属性集合に含めることで関連を表現できる（図 3.4）．一方，多対多の関連はそのままでは素直に関係モデルに変換することは難しい．そこで，多対多の関連の間に新しい実体集合を導入し，それぞれの主キーを外

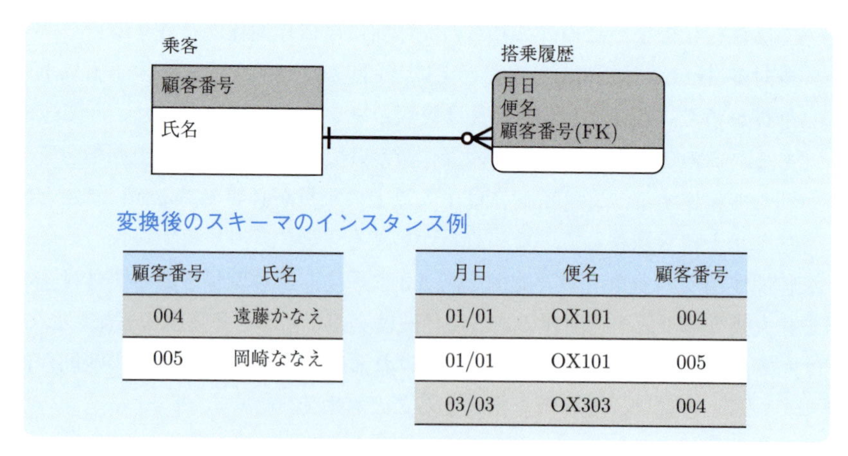

顧客番号	氏名
004	遠藤かなえ
005	岡崎ななえ

月日	便名	顧客番号
01/01	OX101	004
01/01	OX101	005
03/03	OX303	004

図 3.4　関係モデルへの変換（一対多）

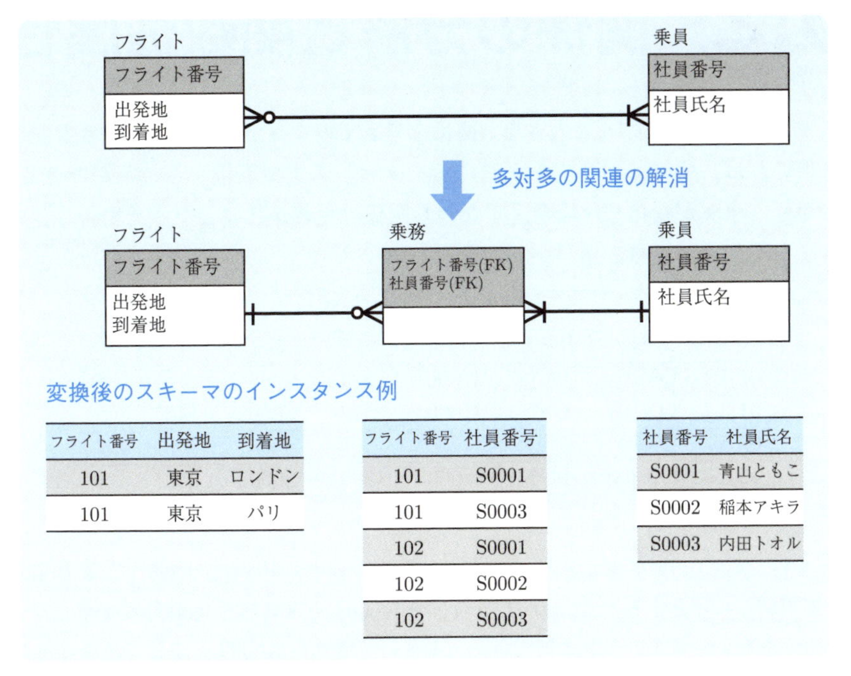

フライト番号	出発地	到着地
101	東京	ロンドン
101	東京	パリ

フライト番号	社員番号
101	S0001
101	S0003
102	S0001
102	S0002
102	S0003

社員番号	社員氏名
S0001	青山ともこ
S0002	稲本アキラ
S0003	内田トオル

図 3.5　関係モデルへの変換（多対多）

部キーとして新しい実体集合の属性集合に含めることで，多対多の関連を一対多の関連に変換する．図 3.5 では，「フライト」と「乗員」間の多対多の関連を解消するために「乗務」という実体集合を新たに導入している．

実体関連図の作成はモデリングのためのツールを使って行われることが多い．実体関連図から関係への変換は機械的に行える部分が多く，これらのツールは完成したモデルから各データベース製品向けのテーブル定義文を自動生成する機能をもつ．

問 3.1　「搭乗予約」と「支払」の間の一対一の関連はどのように関係モデルに変換できるか．　○

3.2 関係の分解と関数従属性

すべての属性を含む，「大きな」関係を考えてみよう．このような大きな関係を用いれば，すべての事実を正確にデータベース上で表現することができる．しかし，事実が変化した場合，すなわち関係の更新が必要となった場合，さまざまな不都合が生じる．

表 3.1　大きな関係

月日	便名	出発地	機材番号	定員	社員番号	社員氏名
01/01	OX101	伊丹	K0001	514	S0001	青山ともこ
01/01	OX101	伊丹	K0001	514	S0002	稲本アキラ
03/03	OX101	羽田	K0003	395	S0001	青山ともこ
03/03	OX303	伊丹	K0003	395	S0003	内田トオル

例 3.1　表 3.1 の関係を考える．01/01 の OX101 便の使用機材が K0001 から K0003 に変更になったとすると，1 行目と 2 行目の K0001 をどちらも K0003 に変更しなくてはならない．また，それと同時に，514 という定員も K0003 の定員である 395 に修正しなくてはならない．これらすべての修正を同時に行わなければデータに不整合が生じる．このような，データベースインスタンスの修正に伴う不都合を，**修正時異状**（modification anomaly）と呼ぶ．

次に，表 3.1 の関係において，01/01 の OX101 便に，社員番号 S0003 の社員も乗務することになったとしよう．その際には，以下のようなタプルを挿入しなければならない．S0003 の社員氏名だけでなく，「乗務する社員が増える」ということとはまったく無関係な，機材に関する情報も正しく与えなくてはならない．

01/01	OX101	伊丹	K0001	514	S0003	内田トオル

このような，データベースインスタンスへのタプル挿入に伴う不都合を，**挿入時異状**（insertion anomaly）と呼ぶ．

最後に，表 3.1 の関係において，03/03 の OX303 便の運航が取りやめになったとしよう．その際，一番下のタプルを削除してしまうと，社員番号 S0003 の社員の氏名が何かという情報が，データベースからまったくなくなってしまう．このような，データベースインスタンスからのタプル削除に伴う不都合を，**削除時異状**（deletion anomaly）と呼ぶ．　○

これらの異状をまとめて**更新時異状**（update anomaly）と呼ぶ．では，更新時異状が起きる原因は何だろうか．

表 3.1 の 1 行目が何を意味しているのかを改めて考えてみよう．「01/01 の OX101 便の出発地は伊丹であり，使用機材は機材番号 K0001 で定員は 514 人であり，社員番号 S0001 の青山ともこが乗務する」という事実を表している．そしてこの一見したところ「1 つ」に見える事実は，独立に変化し得る「複数」の事実からなっていると捉えることもできる．たとえば，01/01 の OX101 便の出発地が伊丹から羽田に変わり，それに伴い使用機材や乗務員も変わったとしても，機材番号 K0001 の機材の定員は 514 人であることには変わりがなく，社員番号 S0001 の社員の氏名が青山ともこであることにも変わりがない．2 行目は同じ便に搭乗する 2 人目の乗務員に関するタプルであるが，出発地や機材番号などの情報は 1 行目と同じ情報を重複して保持している．同様に，3 行目のタプルは社員番号 S0001 の社員が搭乗する別の便に関する情報を表しているが，社員番号 S0001 の社員の氏名が青山ともこであるという情報を重複して保持している．現実の世界ではそれぞれの事実が独立に変化し得るため，1 つの事実の変更が別のタプルや同じタプルの別の箇所に影響を与えることになる．つまり，「大きな」関係を用いて複数の事実を 1 つのタプルにまとめて格納してしまうことが更新時異状を生み出す原因となっている．

そこで，複数の事実が 1 つのタプルとして格納されないよう，関係を分解することを考える．もちろん，闇雲に分解すればよいというわけではない．まず当然に満たすべき要件として，分解前の関係と分解によって得られた関係の集まりが同じ情報を表していなければならない．以下，属性集合 $\{A_1, \ldots, A_n\}$ を，その要素を並べて $A_1 \cdots A_n$ のように書く．さらに，n 個の属性集合 $X_1, \ldots, X_n$ に対し，それらの和集合を $X_1 \cdots X_n$ と書く．

定義 3.1

X, Y, Z を属性集合とし，$U = XYZ$ とおく．U 上のインスタンス I が $I = \pi_{XY}(I) \bowtie \pi_{XZ}(I)$ を満たすとき，I は $\pi_{XY}(I)$ と $\pi_{XZ}(I)$ に**無損失結合分解**（lossless join decomposition）が可能であるという．

定義より，I が無損失結合分解可能であれば，I を $\pi_{XY}(I)$ と $\pi_{XZ}(I)$ の2つの関係に分解してデータベースに格納しておけばよい．それら2つの関係の自然結合をとることで，いつでももとの I を復元できるからである．なお，任意のインスタンス I について $I \subseteq \pi_{XY}(I) \bowtie \pi_{XZ}(I)$ が成り立つが，逆方向の包含関係は一般には成り立たない．

無損失結合分解の定義において，分解後の関係の数は3つ以上に自然に拡張できる．U 上のインスタンス I について，U の部分集合 $V_1, \ldots, V_n$ が $I = \pi_{V_1}(I) \bowtie \cdots \bowtie \pi_{V_n}(I)$ を満たすとき，I は $\pi_{V_1}(I), \ldots, \pi_{V_n}(I)$ に無損失結合分解が可能であるという．

では具体例を見ていこう．表3.1を，定義3.1中の $X = \{$ 出発地 $\}$，$Y = \{$ 月日, 便名, 機材番号, 定員 $\}$，$Z = \{$ 社員番号, 社員氏名 $\}$ として分解したものが表3.2である．しかし，表3.2ではどの便名の便に誰が乗務するのかという情報が失われており，無損失結合分解にはなっていない．したがって，通常，このような分解が採用されることはない．

表 3.2　下手に分解した関係

月日	便名	出発地	機材番号	定員
01/01	OX101	伊丹	K0001	514
03/03	OX101	羽田	K0003	395
03/03	OX303	伊丹	K0003	395

出発地	社員番号	社員氏名
伊丹	S0001	青山ともこ
伊丹	S0002	稲本アキラ
羽田	S0001	青山ともこ
伊丹	S0003	内田トオル

次に，表3.1を，$X = \{$ 月日, 便名 $\}$，$Y = \{$ 出発地, 機材番号, 定員 $\}$，$Z = \{$ 社員番号, 社員氏名 $\}$ として分解したものを表3.3に示す．表3.3では情報は失われていないが，依然として更新時異状が発生する．

問 3.2　表3.3が表3.1の無損失結合分解となっていることを確かめよ．また，表3.3ではどのような更新時異状が発生するだろうか？　○

表 3.3 少し上手に分解した関係

月日	便名	出発地	機材番号	定員
01/01	OX101	伊丹	K0001	514
03/03	OX101	羽田	K0003	395
03/03	OX303	伊丹	K0003	395

月日	便名	社員番号	社員氏名
01/01	OX101	S0001	青山ともこ
01/01	OX101	S0002	稲本アキラ
03/03	OX101	S0001	青山ともこ
03/03	OX303	S0003	内田トオル

表 3.4 は，表 3.3 に示した 2 つの関係をそれぞれさらに分解したものである．実際，01/01 の OX101 便の出発地が伊丹から羽田に変わったとすると，データベース上での修正は最初の関係の 1 行目のタプルだけに対して行えばよい．使用機材や乗務員が変わった場合も同様に，1 つのタプルを対象とした修正・挿入・削除でよい．このように，表 3.4 では 1 つのタプルが 1 つの事実を表しており，先に述べたような更新時異状は起きない．

表 3.4 もっと上手に分解した関係

月日	便名	出発地	機材番号
01/01	OX101	伊丹	K0001
03/03	OX101	羽田	K0003
03/03	OX303	伊丹	K0003

月日	便名	社員番号
01/01	OX101	S0001
01/01	OX101	S0002
03/03	OX101	S0001
03/03	OX303	S0003

機材番号	定員
K0001	514
K0003	395

社員番号	社員氏名
S0001	青山ともこ
S0002	稲本アキラ
S0003	内田トオル

それでは，「1 つの事実」を一般にどのように定式化すればよいのだろうか．それを解くカギの 1 つが，以下で定義する関数従属性である．

定義 3.2

U を属性の集合とし，$X, Y \subseteq U$ とする．U 上の**関数従属性**（functional dependency，FD）とは $X \to Y$ の形の式である．

I を U 上のインスタンスとする．I 中の任意のタプル s，t について「$s[X] = t[X]$ ならば $s[Y] = t[Y]$」が成り立つとき，I は FD $X \to Y$ を満たすといい，$I \models X \to Y$ と書く．また，FD の集合 Σ に対し，すべての $\sigma \in \Sigma$ について $I \models \sigma$ が成り立つならば，I は Σ を満たすといい，$I \models \Sigma$ と書く．

表 3.1 において，月日と便名の値が同じであれば，出発地と機材番号と定員の値も同じであるから，$I \models \{$ 月日, 便名 $\} \to \{$ 出発地, 機材番号, 定員 $\}$ が成り立つ．しかし，便名が同じであっても，出発地，機材，定員が異なることがあるため，$I \not\models \{$ 便名 $\} \to \{$ 出発地, 機材番号, 定員 $\}$ である．

$Y \subseteq X$ のとき，FD $X \to Y$ は自明であるという．自明な FD は任意のインスタンスによって満たされる．

問 3.3　表 3.1 のインスタンスが満たす自明でない FD を挙げよ．　○

関数従属性を用いて関係を無損失結合分解する方法を示した次の命題は，3.4 節で説明する，関係スキーマの分解のための重要な基本方針をも与えている．

命題 3.1

$U = XYZ$ とする．FD $X \to Y$ を満たす U 上の任意のインスタンス I は $\pi_{XY}(I)$ と $\pi_{XZ}(I)$ に無損失結合分解可能である．

証明　任意のインスタンス I について $I \subseteq \pi_{XY}(I) \bowtie \pi_{XZ}(I)$ が成り立つので，逆方向の包含関係について証明する．任意のタプル $t \in \pi_{XY}(I) \bowtie \pi_{XZ}(I)$ を考える．このとき，タプル $r, s \in I$ が存在して，$t[XY] = r[XY]$ かつ $t[XZ] = s[XZ]$ が成り立つ（図 3.6）．$t[X] = s[X]$ かつ $I \models X \to Y$ なので，$t[Y] = s[Y]$ である．したがって $t = s$ であり，t は I に属する．　○

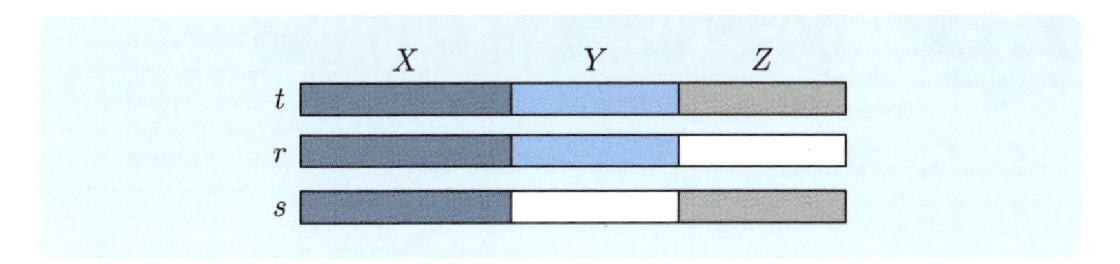

図 3.6　関数従属性と無損失結合分解

この命題の意義をもう少し掘り下げて考えてみよう．この節で定義した無損失結合分解可能という概念は，インスタンスに対する概念であった．XYZ 上のあるインスタンス I が $\pi_{XY}(I)$ と $\pi_{XZ}(I)$ に無損失結合分解可能であったとしても，当然ながら，XYZ 上の別のインスタンス I' が $\pi_{XY}(I')$ と $\pi_{XZ}(I')$ に無損失結合分解可能とは限らない．つまり，あるインスタンス I が無損失結合分解可能であるからといって，関係スキーマ $R[XYZ]$ を $S[XY]$ と $T[XZ]$ に分解してよいとは限らない．

これに対し命題 3.1 は，FD $X \to Y$ を満たせば XYZ 上のどんなインスタンス I でも $\pi_{XY}(I)$ と $\pi_{XZ}(I)$ に無損失結合分解可能であると述べている．つまり，FD $X \to Y$ を満たすインスタンスしか扱わないのであれば，関係スキーマ $R[XYZ]$ を $S[XY]$ と $T[XZ]$ に「無損失に」分解できることを示唆しているのである．

3.3 関数従属性の性質

関係の設計時に従属性を考慮することには，以下のような利点がある．

- 更新時異状を回避できる．
- インスタンスの更新時に，更新後のインスタンスが従属性を満たすかどうかをチェックすることにより，データの整合性を保てる．
- データの物理的な格納のしかたを改良できる．
- 問合せの最適化に利用できる．

したがって，インスタンス I が FD の集合 Σ を満たすことがわかっているとき，I が Σ に属するもの以外の別の FD σ も必ず満たすかどうかを判定できれば，よりよい設計につなげることができるだろう．

また，設計時に複数の選択肢があり，その結果，考慮すべき FD 集合として 2 つの異なる集合 Σ と Γ が得られたとする．Σ と Γ が実質的に同じ FD 集合を表しているか否かを判定できれば，設計の妥当性を確認する上で有用であろう．さらに，実質的に同じ FD 集合を表すものの中で，最も簡潔な集合を求めることができれば，設計や管理の上でのコスト削減につながるであろう．

したがって，FD の性質に関する以下の 3 問題について検討することが重要である．

(1) 与えられた FD 集合 Σ と FD σ に対し，Σ を満たす I は必ず σ も満たすかどうか（論理的含意性という）を判定する問題．

(2) 与えられた 2 つの FD 集合 Σ と Γ が実質的に同じ FD 集合を表しているか（論理的等価性という）を判定する問題．

(3) 与えられた FD 集合 Σ と実質的に同じ FD 集合を表す，極小の FD 集合（極小被覆という）を求める問題．

この節では，いくつかの概念の定義ののち，これらの問題について順に考える．

FD 集合の論理的含意性，論理的等価性，FD 閉包

定義 3.3

Σ と Γ を U 上の FD の集合とする．U 上の任意のインスタンス I が「$I \models \Sigma$ ならば $I \models \Gamma$」を満たすとき，Σ は Γ を**論理的に含意** (logical implication) するといい，$\Sigma \models \Gamma$ と書く．Γ が 1 つの FD σ だけからなるときは $\Sigma \models \sigma$ のようにも書く．

$\Sigma \models \Gamma$ かつ $\Gamma \models \Sigma$ のとき，Σ と Γ は**論理的に等価** (logical equivalence) であるといい，$\Sigma \equiv \Gamma$ と書く．

たとえば，$\Sigma = \{A \to B, B \to C\}$ のとき，属性 A の値が決まれば属性 B の値が一意に決まる，属性 B の値が決まれば属性 C の値が一意に決まる，ということであるので，推移的に，属性 A の値が決まれば属性 C の値が一意に決まる．したがって，$\Sigma \models A \to C$ が成り立つ．$\Sigma = \{A \to B, B \to C\}$ と $\Gamma = \{A \to B, B \to C, A \to C\}$ は互いに他を論理的に含意しているため，論理的に等価である．論理的に等価な Σ と Γ は，見た目が異なっていたとしても実質的に同じ FD 集合を表している．

U 上の FD の集合 Σ の **FD 閉包** (FD closure) Σ^* を以下のように定義する．

$$\Sigma^* = \{X \to Y \mid XY \subseteq U \text{ かつ } \Sigma \models X \to Y\}.$$

すなわち，Σ に論理的に含意されるすべての U 上の FD からなる集合が Σ の FD 閉包である．

命題 3.2

2 つの FD 集合 Σ, Γ が $\Sigma^* = \Gamma^*$ を満たすときかつそのときのみ，Σ と Γ は論理的に等価である．

証明　$\Sigma^* = \Gamma^*$ と仮定する．FD 閉包の定義より，$\Sigma \subseteq \Sigma^* = \Gamma^*$ であるため，任意の $\sigma \in \Sigma$ について $\Gamma \models \sigma$ である．よって $\Gamma \models \Sigma$ であり，同様にして $\Sigma \models \Gamma$ も示せる．逆に，Σ と Γ が論理的に等価であると仮定する．$\Gamma \models \Sigma$ より，$\Sigma \models \sigma$ を満たす任意の σ について $\Gamma \models \sigma$ である．したがって $\Sigma^* \subseteq \Gamma^*$．同様にして，$\Sigma \models \Gamma$ より $\Gamma^* \subseteq \Sigma^*$ を導ける．　○

論理的含意性を判定する問題

まず，与えられたFD集合ΣとFD σに対し，$\Sigma \models \sigma$が成り立つかどうかを判定する問題を考える．論理的含意性の性質を理解するためには，次に示す**アームストロングの公理系**（Armstrong's axioms）と呼ばれる推論規則の有限集合を知っておくとよいだろう．

FD1:　反射律（reflexivity）$Y \subseteq X$ ならば $X \to Y$.
FD2:　増加律（augmentation）$X \to Y$ ならば $XZ \to YZ$.
FD3:　推移律（transitivity）$X \to Y$，$Y \to Z$ ならば $X \to Z$.

$\{FD1, FD2, FD3\}$はFDの論理的含意性に対して健全かつ完全であることが知られている．つまり，FDの集合Σが与えられたとき，公理系の規則をΣに適用して得られるFDはすべてΣが論理的に含意するものである（健全性）．そして，Σが論理的に含意するFDはすべて公理系の規則をΣに適用することで得られる（完全性）．したがって，$\Sigma \models \sigma$が成り立つかどうかの1つの判定方法として，Σにアームストロングの公理系を適用してσが得られるかを確かめるという方法が考えられる．

例題 3.1　$\Sigma = \{A \to B, BC \to DE\}$とする．$\Sigma \models AC \to E$が成り立つかどうかを，アームストロングの公理系を用いて判定せよ．

解答　以下のようにしてΣから$AC \to E$が得られるので，$\Sigma \models AC \to E$は成り立つ．

$\sigma_1:$	$A \to B$	$\in \Sigma$
$\sigma_2:$	$AC \to BC$	σ_1に対して$Z = C$としてFD2を適用
$\sigma_3:$	$BC \to DE$	$\in \Sigma$
$\sigma_4:$	$AC \to DE$	σ_2とσ_3に対してFD3を適用
$\sigma_5:$	$DE \to E$	$X = DE, Y = E$としてFD1を適用
$\sigma_6:$	$AC \to E$	σ_4とσ_5に対してFD3を適用

コラム　$\{\mathrm{FD1}, \mathrm{FD2}, \mathrm{FD3}\}$ は健全かつ完全であるので，論理的に含意される FD の導出にはこれらの 3 規則があれば十分である．しかし，以下のような規則も成り立つことを知っておくとしばしば便利である．

FD4:　擬推移律（pseudo-transitivity）$X \to Y$, $YW \to Z$ ならば $XW \to Z$.
$X \to Y$ に FD2 を適用して $XW \to YW$，これと $YW \to Z$ に FD3 を適用して $XW \to Z$.

FD5:　合併律（union）$X \to Y$，$X \to Z$ ならば $X \to YZ$.
$X \to Y$ に FD2 を適用して $X \to XY$，$X \to Z$ に FD2 を適用して $XY \to YZ$，これら 2 つの FD に FD3 を適用して $X \to YZ$.

FD6:　分解律（decomposition）$X \to YZ$ ならば $X \to Y$.
FD1 より $YZ \to Y$，これと $X \to YZ$ に FD3 を適用して $X \to Y$.

たとえば，例題 3.1 での規則適用の一部は FD4 や FD6 で置き換えられる．　○

σ を得るために Σ に対してどの規則をどのような順に適用すればよいかは，残念ながら自明ではない．では，Σ の FD 閉包 Σ^* を求め，$\sigma \in \Sigma^*$ かどうかを判定する方法はどうだろうか？ Σ に規則を手当たり次第適用し，論理的に含意される FD を次々に導出していく．新たな FD が得られなくなったら，その時点までで得られたすべての FD の集合が Σ^* である．しかし，この方法は，増加律の適用の際に U のさまざまな部分集合を考える必要があるため，$|U|$ の指数時間を要する．

アプローチを少し修正することにしよう．Σ^* 全体を求める必要はなく，$\sigma = X \to Y$ を論理的に含意するかの判定に必要な部分，すなわち

$$\Sigma_X^* = \{X \to Z \mid \Sigma \models X \to Z\} \subseteq \Sigma^*$$

が求まればよい．ここで，属性集合 X^* を

$$X^* = \bigcup_{X \to Z \in \Sigma_X^*} Z$$

と定義すると，任意の $X \to Z \in \Sigma_X^*$ について $Z \subseteq X^*$ が自明に成り立つ．逆に，コラムで紹介した合併律と分解律により，任意の $Z \subseteq X^*$ について $X \to Z \in \Sigma_X^*$ が成り立つ．以上の議論より，次の定理が得られる．

定理 3.1

Σ を FD の集合とし，$X \to Y$ を FD とする．このとき，以下が成り立つ．

$$\Sigma \models X \to Y \quad \Leftrightarrow \quad Y \subseteq X^*.$$

したがって，$\Sigma \models X \to Y$ が成り立つかどうかを判定するには，Σ^* を求める必要はなく，X^* を計算すればよい．なお，X^* は，Σ のもとでの X の FD 閉包と呼ばれる．直観的には，X の FD 閉包は X の値が決まれば値が決まるようなすべての属性からなる集合である．たとえば，$X = \{$ 月日, 便名 $\}$，$\Sigma = \{\{$ 月日, 便名 $\} \to \{$ 出発地, 機材番号 $\}, \{$ 機材番号 $\} \to \{$ 定員 $\}\}$ としたとき，$X^* = \{$ 月日, 便名, 出発地, 機材番号, 定員 $\}$ である．

X^* を求めるアルゴリズムを Algorithm 3.1 に示す．このアルゴリズムの計算量は n を Σ と X の大きさとしたとき $O(n^2)$ であるが，さらにこれを線形時間で計算できるように改良できる．したがって，FD の集合 Σ と FD $X \to Y$ が与えられたとき，$\Sigma \models X \to Y$ が成り立つかどうかの判定も線形時間で行える．

Algorithm 3.1　X^* を求めるアルゴリズム

Input: FD 集合 Σ，属性集合 X
$\Gamma := \Sigma$;　　// Γ は未チェックの FD 集合
$C := X$;　　// C は X の FD 閉包に含まれることがわかった属性集合
while ある $W \to V \in \Gamma$ が存在して $W \subseteq C$ **do**
　　$\Gamma := \Gamma - \{W \to V\}$;
　　$C := C \cup V$;
end
C を出力;

論理的等価性を判定する問題

2つの FD 集合 Σ，Γ の論理的等価性の判定は，$\Sigma^* = \Gamma^*$ であること，すなわち $\Sigma^* \subseteq \Gamma^*$ かつ $\Gamma^* \subseteq \Sigma^*$ であることを調べればよい．$\Sigma^* \subseteq \Gamma^*$ の判定は，Σ 中の各 FD $X \to Y$ について，Γ のもとでの X の FD 閉包 X^* を求めて $Y \subseteq X^*$ であることを確かめればよい．したがって，FD 集合の論理的等価性の判定は，Σ^* や Γ^* を求める必要はなく，効率よく行うことができる．

極小被覆を求める問題

最後に，与えられたFD集合に対し，その最も簡潔な表現を求める問題について考える．Σ の**極小被覆**（minimal cover）とは次の4条件を満たすFD集合 Σ_{min} である．

(1) Σ_{min} は Σ と論理的に等価である．

(2) Σ_{min} 中の各FDは $X \to A$（A は1つの属性）という形である．

(3) Σ_{min} 中の各FD $X \to A$ について，$\Sigma_{min} - \{X \to A\}$ は Σ_{min} を論理的に含意しない．

(4) Σ_{min} 中の各FD $X \to A$ について，$\Sigma_{min} \models Y \to A$ となるような $Y \subset X$ が存在しない．

FD集合 Σ の極小被覆はAlgorithm 3.2により求められる．なお，一般に，極小被覆は複数存在する．

Algorithm 3.2 FD集合 Σ の極小被覆を求めるアルゴリズム

Input: FD集合 Σ
$\Sigma_{min} := \Sigma$;
while Σ_{min} が極小被覆ではない **do**
  if 極小被覆の条件 (2) に違反する $X \to A_1 \cdots A_n \in \Sigma_{min}$ が存在 **then**
    $\Sigma_{min} := (\Sigma_{min} - \{X \to A_1 \cdots A_n\}) \cup \{X \to A_1, \ldots, X \to A_n\}$;
  else if 極小被覆の条件 (3) に違反する $X \to A \in \Sigma_{min}$ が存在 **then**
    $\Sigma_{min} := \Sigma_{min} - \{X \to A\}$;
  else if 極小被覆の条件 (4) に違反する $X \to A \in \Sigma_{min}$ が存在 **then**
    Y を $Y \subset X$ かつ $\Sigma_{min} \models Y \to A$ なる属性集合とする;
    $\Sigma_{min} := (\Sigma_{min} - \{X \to A\}) \cup \{Y \to A\}$;
  end
end
Σ_{min} を出力;

例題 3.2 Algorithm 3.2 を用いて $\Sigma = \{AB \to CD, B \to C, BC \to D\}$ の極小被覆を求めよ．

解答 まず，条件 (2) に違反している $AB \to CD$ が $AB \to C$ と $AB \to D$ に分解される．これら2つのFDは条件 (3) に違反するために除外され，$\{B \to C, BC \to D\}$ が残る．次に，$BC \to D$ は条件 (4) に違反するため $B \to D$ に置き換えられる．結果として，$\{B \to C, B \to D\}$ が得られる．

コラム アルゴリズムの効率性を理論的に評価するには，計算量という考え方を用いる．計算量には処理時間を示す時間計算量とメモリ使用量を示す空間計算量がある．単に計算量といったときには時間計算量を指すことが多い．計算量はアルゴリズムへの入力の大きさ n に依存するので，n を使った式で処理時間を表す．n が大きくなったときには定数の違いなどは無視できるので定数部は省略し，オーダーと呼ばれる表記を用いて，たとえば $O(n)$ のように書いて処理時間の増加のおおまかな傾向を示す．

処理時間が短いほうから主な計算量を並べると，$O(1)$（定数時間），$O(\log n)$（対数時間），$O(n)$（線形時間），$O(n \log n)$（準線形時間），$O(n^k)$（多項式時間，k は定数），$O(k^n)$（指数時間），$O(n!)$（階乗時間）となる．多項式時間と指数時間の間には大きなギャップがあり，多項式時間以下の問題は現実的な時間で解くことができるが，指数時間以上になると現実的な時間で解くことができなくなる．たとえば，$n = 16$ では $n^2 = 256$，$2^n = 65536$ 程度の差であるが，$n = 64$ になると $n^2 = 4096$，$2^n = 1.8 \times 10^{19}$ と圧倒的な差になる．したがって，任意の入力に対して問題が効率よく解けるためには，多項式時間以下の計算量のアルゴリズムが存在する必要がある．

○

3.4 関係スキーマの分解と正規形

本節では，更新時異状の問題を解決するさまざまな正規形を導入する．正規形は関数従属性などの制約をもとに定義されている．

まず，FD 集合を考慮できるようにスキーマの定義を拡張する．Σ を U 上の FD の集合としたとき，関係スキーマは $(R[U], \Sigma)$ で定義される．$(R[U], \Sigma)$ のインスタンスとは，Σ を満たす R のインスタンスである．Σ は，この節の後半で導入するような，FD 以外の他の種類の従属性も含むように一般化できる．

スキーマ分解の基準

3.2 節では，更新時異状を回避するためにインスタンスを分解することが有効であることをみてきた．ただし，闇雲に分解してよいわけではなく，インスタンスが無損失結合分解となるように分解することが望ましいことも確認した．この節ではまず，無損失結合分解という概念をスキーマに対する概念に拡張しよう．$(R[U], \Sigma)$ を関係スキーマとし，$V_1, \ldots, V_n$ を U の部分集合とする．$(R[U], \Sigma)$ の任意のインスタンス I が $\pi_{V_1}(I), \ldots, \pi_{V_n}(I)$ に無損失結合分解可能のとき，$(R[U], \Sigma)$ は $V_1, \ldots, V_n$ に**無損失結合分解**（lossless join decomposition）が可能であるという．以降ではもちろん，無損失結合分解であるようなスキーマの分解を目指して議論を進めていく．

スキーマ分解の別の基準として従属性保存がある．関係スキーマ $(R[U], \Sigma)$ とその分解 $\mathbf{R} = \{(S_1[V_1], \Gamma_1), \ldots, (S_n[V_n], \Gamma_n)\}$（ただし $U = \bigcup_{j=1}^{n} V_j$）が与えられているとき，$\Sigma$ と $\bigcup_{j=1}^{n} \Gamma_j$ が等価ならば，分解 $\mathbf{R}$ は**従属性保存**（dependency preserving）であるという．特に Σ が FD の集合である場合は次の議論が成立する．まず $V \subseteq U$ に対して

$$\pi_V(\Sigma) = \{X \to A \mid XA \subseteq V \text{ かつ } \Sigma \models X \to A\}$$

と定義し，$\Gamma_j = \pi_{V_j}(\Sigma)$ とおく．さらに $\Gamma = \bigcup_{j=1}^{n} \Gamma_j$ とおくと，明らかに $\Sigma \models \Gamma$ である．したがって，$\Gamma \models \Sigma$ も成立するときかつそのときのみ，分解 $\mathbf{R}$ は従属性保存である．

例 3.2 以下の関係スキーマ (U, Σ) を考える．

$$
\begin{aligned}
U &= \{ \text{月日}, \text{便名}, \text{出発地}, \text{機材番号}, \text{定員}, \text{社員番号}, \text{社員氏名} \} \\
\Sigma &= \{\{ \text{月日}, \text{便名} \} \to \{ \text{出発地} \}, \\
&\quad \{ \text{月日}, \text{便名} \} \to \{ \text{機材番号} \}, \\
&\quad \{ \text{機材番号} \} \to \{ \text{定員} \}, \\
&\quad \{ \text{社員番号} \} \to \{ \text{社員氏名} \}\}
\end{aligned}
$$

表 3.1 の関係はこのスキーマのインスタンスである．(U, Σ) の以下のような分解 $\mathbf{R} = \{(V_1, \Gamma_1), (V_2, \Gamma_2), (V_3, \Gamma_3), (V_4, \Gamma_4)\}$ を考える．

$$
\begin{aligned}
V_1 &= \{ \text{月日}, \text{便名}, \text{出発地}, \text{機材番号} \} \\
\Gamma_1 &= \{\{ \text{月日}, \text{便名} \} \to \{ \text{出発地} \}, \{ \text{月日}, \text{便名} \} \to \{ \text{機材番号} \}\} \\
V_2 &= \{ \text{月日}, \text{便名}, \text{社員番号} \} \\
\Gamma_2 &= \emptyset \\
V_3 &= \{ \text{機材番号}, \text{定員} \} \\
\Gamma_3 &= \{\{ \text{機材番号} \} \to \{ \text{定員} \}\} \\
V_4 &= \{ \text{社員番号}, \text{社員氏名} \} \\
\Gamma_4 &= \{\{ \text{社員番号} \} \to \{ \text{社員氏名} \}\}
\end{aligned}
$$

表 3.4 の関係は $\mathbf{R}$ のインスタンスである．$\Sigma = \bigcup_{j=1}^{4} \Gamma_j$ であるため，明らかに Σ と $\bigcup_{j=1}^{4} \Gamma_j$ は論理的に等価であり，$\mathbf{R}$ は従属性保存である．

一方，(V_1, Γ_1) をさらに

$$
(\{ \text{月日}, \text{出発地}, \text{機材番号} \}, \Gamma_{11}), (\{ \text{便名}, \text{出発地}, \text{機材番号} \}, \Gamma_{12})
$$

に分解すると，$\Gamma_{11} = \Gamma_{12} = \emptyset$ となり，$\{ \text{月日}, \text{便名} \}$ を左辺にもつ FD を論理的に含意しなくなる．よってこのような分解は従属性保存ではない．○

ボイス-コッド正規形

3.2 節の最後に示した命題 3.1 は，図 3.7 のように関数従属性を用いてスキーマを分解すればよいということを示唆していた．最初に紹介する正規形は，このアイディアに基づいた分解をできる限り施して行きつく先のスキーマである．

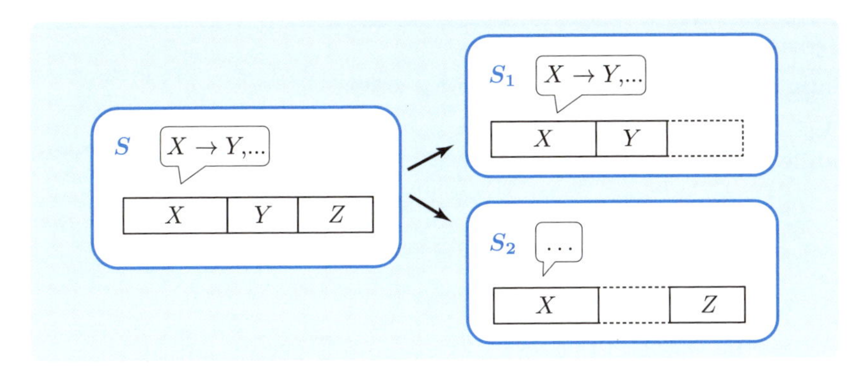

図 3.7 関数従属性を用いたスキーマの分解

R がボイス-コッド正規形（Boyce-Codd normal form, BCNF）：任意の $(R[U],\Sigma) \in \mathbf{R}$ について，$\Sigma \models X \to Y$ を満たす $Y \not\subseteq X$ が存在するならば，$\Sigma \models X \to U$ が成り立つ．

BCNF の定義は，自明でない FD の左辺は必ず超キーであることを要求している．すなわち，BCNF である関係スキーマ $(R[XYZ],\Sigma)$ のタプル t において，「$t[X]$ の値に連動して $t[Y]$ の値も決まるが，$t[Z]$ の値は別の要因で決まる」というようなことは起きない．したがって，関数従属性を「1 つの事実」の単位とみなす立場においては，BCNF では 1 つのタプル内に複数の事実が保持されることはない．そしてその結果，1 つの事実が重複して複数のタプルに保持されることもない．そのため，3.2 節で述べた更新時異状のうち，関数従属性を原因とするものを回避できるのである．

例 3.3 再び例 3.2 の関係スキーマ (U,Σ) とその分解 $\mathbf{R}$ を考える．Σ 中のどの FD の左辺も超キーではないため，(U,Σ) は BCNF ではない．一方，$\mathbf{R}$ 中のどの関係スキーマにおいても，FD の左辺はその関係での超キーとなっているため，$\mathbf{R}$ は BCNF である． ○

FD のみからなる任意の関係スキーマは BCNF への無損失結合分解が可能である．BCNF への分解アルゴリズムを Algorithm 3.3 に示す．このアルゴリズムは必ず停止し，生成される分解は無損失結合分解であることが保証される．

Algorithm 3.3　BCNF への分解

Input: 関係スキーマ $(R[U], \Sigma)$．Σ は FD の集合．
$\mathbf{R} := \{(R[U], \Sigma)\}$;
while BCNF の条件に違反する関係スキーマ $(S[V], \Gamma) \in \mathbf{R}$ が存在 **do**
　以下を満たす空でない，互いに素な $X, Y, Z \subset V$ を選択;
　　(i) $XYZ = V$;
　　(ii) $\Gamma \models X \to Y$;
　　(iii) 各 $A \in Z$ に対して，$\Gamma \not\models X \to A$;
　$\mathbf{R} := \mathbf{R} - \{(S[V], \Gamma)\} \cup \{(S_1[XY], \pi_{XY}(\Gamma)), (S_2[XZ], \pi_{XZ}(\Gamma))\}$;
end
if $V \subseteq V'$ であるような $(S[V], \Gamma), (S'[V'], \Gamma') \in \mathbf{R}$ が存在 **then**
　$\mathbf{R} := \mathbf{R} - \{(S[V], \Gamma)\}$;
end
$\mathbf{R}$ を出力;

しかし，BCNF はもとの関係スキーマにあった従属性をすべて保存できるとは限らない．例として，$U = XYZ$, $\Sigma = \{XY \to Z, Z \to Y\}$ を考える．Algorithm 3.3 によって (U, Σ) は $(XZ, \emptyset)$ と $(YZ, \{Z \to Y\})$ に分解される．分解後は，X と Y が別の関係スキーマに含まれるようになるため，$XY \to Z$ という従属性を表現できなくなる．

第 3 正 規 形

すべての FD に基づいてスキーマを分解すると，従属性を保存できなくなる場合があることがわかった．そこで，スキーマの分解の際に一部の FD を考慮から外すような，BCNF よりも少し緩い正規形を導入する．

$\mathbf{R}$ が**第 3 正規形**（third normal form）：任意の $(R[U], \Sigma) \in \mathbf{R}$ について，$\Sigma \models X \to A$ を満たす $A \notin X$ が存在するならば，$\Sigma \models X \to U$ であるか，または A はいずれかの候補キーに属する属性である．

BCNF との違いは，自明でない FD の右辺がいずれかの候補キーに含まれる属性であれば，その FD の左辺が超キーでなくても構わないと要求が緩まっている点である．これにより，第 3 正規形では従属性を保存できるが，FD を原因とするすべての更新時異状を回避できるとは限らない．

第 3 正規形であって BCNF でない例を考える．先の例と同じく，$U = XYZ$, $\Sigma = \{XY \to Z, Z \to Y\}$ とする．候補キーは XY と XZ である．$XY \to Z$ の左辺は超キーであるが，$Z \to Y$ の左辺は超キーではないため，この関係スキーマは BCNF ではない．しかし，$Z \to Y$ の右辺は候補キー XY の構成要素であるので，この関係スキーマは第 3 正規形である．また，この関係スキーマは，自明であるが，もとの従属性を保存している．第 3 正規形で分解を止めておくか，BCNF まで分解するかはスキーマ設計者の選択であり，更新時異状の回避と従属性保存のバランスによって決定される．

FD のみからなる任意の関係スキーマは，第 3 正規形への無損失結合分解が可能である．第 3 正規形への分解アルゴリズムを Algorithm 3.4 に示す．このアルゴリズムの基本的な方針は，Σ 中の各 FD $X \to A$ に対して関係 XA を割り当てることである．直観的には，属性集合を分解するというより，FD に基づいて属性を結合することで関係を生成する．このアルゴリズムによって生成される分解は，無損失結合分解であり，かつ従属性保存であることが保証される．

Algorithm 3.4　第 3 正規形への分解

Input: 関係スキーマ (U, Σ)．Σ は極小被覆の FD 集合．U の各属性は少なくとも 1 つの Σ 中の FD に現れるものとする．

if $XA = U$ であるような FD $X \to A \in \Sigma$ が存在する **then**
　$\mathbf{R} := \{(U, \Sigma)\}$;
else
　$\mathbf{R} := \{(XA, \{X \to A\}) \mid X \to A \in \Sigma\}$;
　if $\mathbf{R}$ 中のどのスキーマも (U, Σ) の候補キーを含まない **then**
　　// $\mathbf{R}$ が無損失結合分解であることを保証するための処理
　　(U, Σ) の任意の候補キー X を選択;
　　$\mathbf{R} := \mathbf{R} \cup \{(X, \emptyset)\}$;
　end
end
$\mathbf{R}$ を出力;

第2正規形

R が**第2正規形** (second normal form)：任意の $(R[U], \Sigma) \in \mathbf{R}$ について，$\Sigma \models X \to A$ を満たす $A \notin X$ が存在するならば，X はどの候補キーについてもその真部分集合ではないか，または A はいずれかの候補キーに属する属性である．

第2正規形は，第3正規形における X が超キーであるという条件を緩めたものである．第2正規形であって第3正規形でない例は $U = XYZ$, $\Sigma = \{X \to Y, Y \to Z\}$ である．この例でもわかるように，第2正規形は従属性により生じる更新時異状を回避するものではない．第2正規形は第3正規形の途中段階としての側面が強く，実用面において第2正規形で分解を止めておく意義はほとんどない．

多値従属性と第4正規形

ここからは，関数従属性の概念を一般化しながら，BCNF よりも強い正規形を導入していく．

定義 3.4

U を属性の集合とし，$X, Y \subseteq U$ とする．U 上の**多値従属性** (multivalued dependency, MVD) とは，$X \twoheadrightarrow Y$ という形の式である．U 上のインスタンス I が $I = \pi_{XY}(I) \bowtie \pi_{X(U-XY)}(I)$ を満たすとき，I は $X \twoheadrightarrow Y$ を満たすといい，$I \models X \twoheadrightarrow Y$ と書く．Σ と Γ が FD と MVD からなる集合のとき，$\Sigma \models \Gamma$ や $\Sigma \equiv \Gamma$ はそれらが FD のみからなる集合のときと同様に定義する．

表3.5に，MVD {便名} $\twoheadrightarrow$ {社員番号} を満たす関係の例を示す．ある日の各フライトに乗務した乗員と搭乗した顧客の情報を表す関係である．そのフライトに乗務した社員と搭乗した顧客のあらゆる組合せが関係中に存在している．

インスタンス I が MVD $X \twoheadrightarrow Y$ を満たす場合，インスタンス I 中の任意のタプル t と u について，Z の値を互いに入れ替えたタプル v と w も必ず I に含まれる（図3.8）．FD は MVD の特別な場合（$X \to Y$ は図3.8において

表 3.5　多値従属性を満たす関係の例

便名	社員番号	顧客番号
OX101	S0001	004
OX101	S0001	005
OX101	S0002	004
OX101	S0002	005
OX202	S0001	004
OX202	S0001	006

	X	Y	Z
t	x	y_1	z_1
u	x	y_2	z_2
v	x	y_1	z_2
w	x	y_2	z_1

図 3.8　多値従属性 $X \twoheadrightarrow Y$ の性質

$y_1 = y_2$ の場合）であり，任意のインスタンス I について $I \models X \to Y$ ならば $I \models X \twoheadrightarrow Y$ である．さらに，次の命題が成り立つことが知られている．

命題 3.3

$U = XYZ$ とし，Σ を U 上の FD の集合とする．このとき，以下が成り立つ．

$$\Sigma \models X \twoheadrightarrow Y \quad \Leftrightarrow \quad \Sigma \models X \to Y \text{ または } \Sigma \models X \to Z.$$

この命題の $\Rightarrow$ の方向が重要である．FD のみの従属性集合から論理的に含意される MVD $X \twoheadrightarrow Y$ は，実質的に FD $X \to Y$ か $X \to Z$ であると述べている．一方，表 3.5 で見たように，$I \not\models X \to Y$ かつ $I \not\models X \to Z$ かつ $I \models X \twoheadrightarrow Y$ であるインスタンス I が存在する．したがって，一般に，MVD を含む従属性集合を FD のみの集合により表現することはできない．MVD を導入することで，FD だけのときよりも真に広い従属性クラスを考慮していることになるのである．

コラム　FD のみの場合と同様に，FD と MVD からなるクラスに対する公理系が存在する．FD の論理的含意性は属性の全体集合 U とは独立であるが，MVD の論理的含意性は U に依存しており，実際に 1 つの規則で U が用いられている．最初の 4 つは MVD のみに関する規則であり，残りの 2 つは FD も考慮した規則である．

FD と MVD に関する推論規則（FD1，FD2，FD3 は省略している）：
MVD0:　相補律（complementation）$X \twoheadrightarrow Y$ ならば $X \twoheadrightarrow U - Y$.
MVD1:　反射律（reflexivity）$Y \subseteq X$ ならば $X \twoheadrightarrow Y$.
MVD2:　増加率（augmentation）$X \twoheadrightarrow Y$ ならば $XZ \twoheadrightarrow YZ$.

MVD3: 推移律 (transitivity) $X \twoheadrightarrow Y$, $Y \twoheadrightarrow Z$ ならば $X \twoheadrightarrow Z - Y$.
FMVD1: 変換律 (conversion) $X \rightarrow Y$ ならば $X \twoheadrightarrow Y$.
FMVD2: 相互作用律 (interaction) $X \twoheadrightarrow Y$, $XY \rightarrow Z$ ならば $X \rightarrow Z-Y$.

{FD1, FD2, FD3, MVD0, MVD1, MVD2, MVD3, FMVD1, FMVD2} は，FD と MVD の論理的含意性に対して健全かつ完全であることが知られている．さらに，{MVD0, MVD1, MVD2, MVD3} は，MVD の論理的含意性に対して健全かつ完全であることが知られている． ○

さて, 関係スキーマ ({ 便名, 社員番号, 顧客番号 }, {{ 便名 } $\twoheadrightarrow$ { 社員番号 }}) を考えよう．表 3.5 の関係はこの関係スキーマのインスタンスである．表 3.5 の関係が自明な FD しか満たさないことより，この関係スキーマは BCNF であるとわかる．しかし，MVD { 便名 } $\twoheadrightarrow$ { 社員番号 } を原因とする更新時異状が発生する．たとえば，搭乗する社員が変更になれば，乗客数分のタプルを修正しなければならない．どうすればこの状況を解消できるだろうか？FD を原因とする更新時異状を回避するために，FD を用いたスキーマの分解をできる限り施して BCNF を得たことを思い出そう．同様に，MVD を原因とする更新時異状を回避するためには，MVD を用いたスキーマの分解をできる限り施せばよい．

R が第 4 正規形 (fourth normal form)：任意の $(R[U], \Sigma) \in \mathbf{R}$ について，$\Sigma \models X \twoheadrightarrow Y$ を満たす $Y \not\subseteq X$ が存在するならば，$\Sigma \models X \rightarrow U$ が成り立つ．

BCNF の定義との違いは，FD $X \rightarrow Y$ が MVD $X \twoheadrightarrow Y$ になったところだけである．したがって BCNF での議論と同様に，多値従属性を「1 つの事実」の単位とみなす立場においては，第 4 正規形では 1 つのタプル内に複数の事実が保持されることはなく，1 つの事実が重複して複数のタプルに保持されることもない．そのため，多値従属性を原因とする更新時異状を回避できる．

例 3.4 関係スキーマ

$$(\{\text{便名}, \text{社員番号}, \text{顧客番号}\}, \{\{\text{便名}\} \twoheadrightarrow \{\text{社員番号}\}\})$$

を第 4 正規形に分解すると，

$$(\{\text{便名}, \text{社員番号}\}, \emptyset), \quad (\{\text{便名}, \text{顧客番号}\}, \emptyset)$$

が得られる．このスキーマ分解により，表 3.5 の関係は表 3.6 の 2 つの関係に分解される． ○

表 3.6 第 4 正規形への分解例

便名	社員番号
OX101	S0001
OX101	S0002
OX202	S0001

便名	顧客番号
OX101	004
OX101	005
OX202	004
OX202	006

コラム MVD $X \twoheadrightarrow Y$ を用いて関係スキーマ (XYZ, Σ) を分解する際，分解後の関係スキーマの属性集合を決めるのは容易である（XY と XZ に決めればよい）が，従属性集合を決めるのは単純ではない．特に，分解前には見えていなかった従属性が，分解後に新たに多値従属性として現れてくることがある．例 3.4 では，分解後の従属性集合はどちらもたまたま空集合になったと理解してほしい． ○

結合従属性と第 5 正規形

最後に，MVD をさらに一般化した従属性を考える．

定義 3.5

U を属性の集合とし，$X_1, \ldots, X_n \subseteq U$ かつ $\bigcup_{i=1}^{n} X_i = U$ とする．U 上の**結合従属性**（join dependency，JD）とは，$\bowtie[X_1, \ldots, X_n]$ という形の式である．U 上のインスタンス I が $I = \pi_{X_1}(I) \bowtie \cdots \bowtie \pi_{X_n}(I)$ を満たすとき，I は $\bowtie[X_1, \ldots, X_n]$ を満たすといい，$I \models \bowtie[X_1, \ldots, X_n]$ と書く．

$X \twoheadrightarrow Y$ と $\bowtie[X, Y]$ は等価であることに注意しよう．

表 3.7 に，JD $\bowtie[\{\text{便名}\}, \{\text{機材番号}\}, \{\text{社員番号}\}]$ を満たす関係の例を示す．未来のある期間におけるフライトの便名，使用予定機材，乗務予定の社員の情報を表している．この関係では，便名と使用予定機材が決まったが乗務する社員が未定である場合にタプルを挿入できないといった，JD を原因とする

更新時異状が発生する．そこで，これまでと同様に，JD を用いたスキーマの分解をできるだけ施すことを考えよう．

> **R が第 5 正規形**（fifth normal form）：任意の $(R[U], \Sigma) \in \mathbf{R}$ について，$\Sigma \models \bowtie[X_1, \ldots, X_n]$ を満たす $X_1, \ldots, X_n$（ただし，どの X_i も U と一致しない）が存在するならば，各 i $(1 \leq i \leq n)$ について $\Sigma \models X_i \to U$ が成り立つ．

表 3.7 結合従属性を満たす関係の例

便名	機材番号	社員番号
OX101	K0001	S0001
OX101	K0001	S0002
OX101	K0003	S0001
OX303	K0002	S0003
OX505	K0001	S0003

例 3.5 関係スキーマ

$$(\{ \text{便名}, \text{機材番号}, \text{社員番号} \}, \{\bowtie[\{ \text{便名} \}, \{ \text{機材番号} \}, \{ \text{社員番号} \}]\})$$

を考える．表 3.7 の関係はこの関係スキーマのインスタンスである．表 3.7 の関係が自明な FD や MVD しか満たさないことより，この関係スキーマは第 4 正規形であるとわかる．JD $\bowtie[\{ \text{便名} \}, \{ \text{機材番号} \}, \{ \text{社員番号} \}]$ を用いてこの関係スキーマを分解すると，

$$(\{ \text{便名}, \text{機材番号} \}, \emptyset),\ (\{ \text{便名}, \text{社員番号} \}, \emptyset),\ (\{ \text{機材番号}, \text{社員番号} \}, \emptyset)$$

が得られる．このスキーマ分解により，表 3.7 の関係は表 3.8 の 3 つの関係に分解される． ○

表 3.8 第 5 正規形への分解例

便名	機材番号
OX101	K0001
OX101	K0003
OX303	K0002
OX505	K0001

便名	社員番号
OX101	S0001
OX101	S0002
OX303	S0003
OX505	S0003

機材番号	社員番号
K0001	S0001
K0001	S0002
K0001	S0003
K0002	S0003
K0003	S0001

JD は最も汎用的な従属性の表現であるため，第 5 正規形より分解を進めた正規形は存在しない．図 3.9 は関係モデルにおける正規形の階層を表している．第 3 正規形は従属性保存を保証しているが，関数従属性による更新時異状が起こる可能性がある．一方，ボイス-コッド正規形より分解を進めた場合は従属性保存については保証されないが，ボイス-コッド正規形，第 4 正規形，第 5 正規形はそれぞれ FD，MVD，JD による更新時異状を起こさないことが保証される．しかし，次章で述べるように，表を分解していくと複数の表に関連するデータを取り出す際に表の結合を行わなければならず，処理効率に影響する可能性がある．実際にスキーマ設計を行う際にはこれらの性質を考慮して，設計者がどの段階の正規形まで分解するかを選択する必要がある．

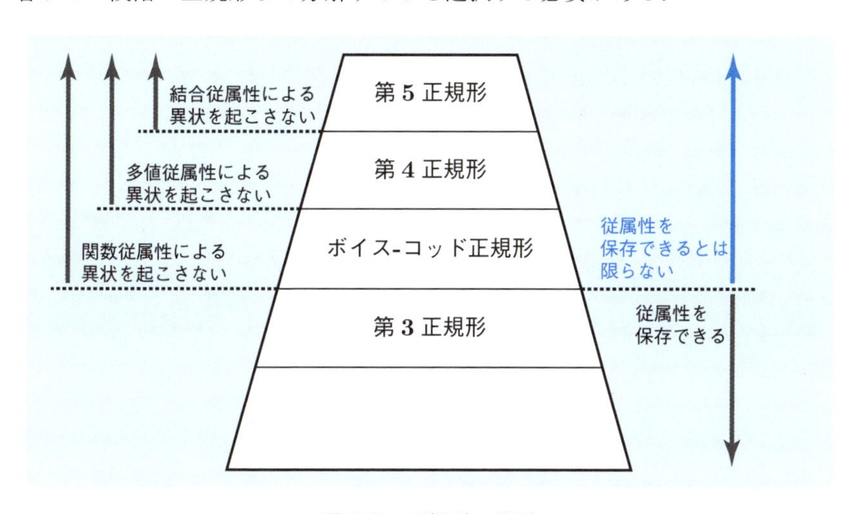

図 3.9　正規形の階層

演習問題

□ **3.1**　アームストロングの公理系を用いて，$\{AB \to CD, C \to E, B \to F\} \models AB \to EF$ が成り立つかどうかを判定せよ．

□ **3.2**　「$XZ \to YZ$ ならば $X \to Y$」という規則は成り立つだろうか．

□ **3.3**　$U = ABCDE$，$\Sigma = \{AB \to C, D \to A\}$ とする．関係スキーマ (U, Σ) をボイス-コッド正規形に分解せよ．また，得られた分解が従属性保存であるかどうか調べよ．

第4章 データベース管理システム

本章では，データベース管理システムの 3 大重要機能である「二次記憶管理と索引」「問合せ処理と最適化」「トランザクション管理」を順に紹介する．

4.1 節では，関係を二次記憶にどのように格納するかについて述べ，続く 4.2 節では，二次記憶に格納された所望のデータに効率よくアクセスするための索引という技術について述べる．

4.3 節では，ユーザが問合せを発行してからデータベース管理システムがその結果を返すまでの基本的な流れを紹介する．特に，問合せを高速に処理するための問合せ最適化という技術について，その基本アイディアを解説する．

4.4 節では，トランザクションとは何かというところからスタートし，その管理に欠かせない同時実行制御技術とログを用いた障害回復技術について解説する．

二次記憶管理
索引
問合せ処理と最適化
トランザクション管理

4.1 二次記憶管理

データベース管理システムにおける二次記憶管理を理解するためには，まず，コンピュータシステムにおける記憶装置の働きを理解する必要があろう．

処理中のデータは**主記憶**（main memory）に置かれる．主記憶には通常，電源の供給が断たれると内容が失われるDRAMなどの**揮発性**（volatile）の素子が用いられる．一方，そのコンピュータシステムで扱うすべてのデータやプログラムは**二次記憶**（secondary storage）に置かれる．二次記憶には通常，電源の供給が断たれても内容が失われないハードディスクなどの**不揮発性**（non-volatile）の装置が用いられる．

ハードディスクのしくみ

ハードディスクの物理的構造を図4.1に示す．1台のドライブはシリンダ状に配置された数枚のディスクから構成されている．ディスクの各面は同心円上の**トラック**（track）と呼ばれる単位に論理的に区分けされている．さらに，各トラックは**セクタ**と呼ばれる単位に論理的に分割されている．1セクタの記憶容量は従来512バイトであったが，2018年現在では4096バイトのものが主流になっている．

ハードディスクは，ある決まった個数の連続したセクタから成る**ブロック**（block）と呼ばれる単位で読み書きがなされる．ブロックは**ページ**（page）と呼ばれることもある．読み書きしたいブロックが指定されると，ハードディスクはアームを動かしてヘッドを所望のトラックに合わせる．この動作を**シーク**（seek）といい，シークに要する時間を**シーク時間**（seek time）という．ディスクは一定速度で常に回転しているため，やがて所望のブロックがヘッドの下に回ってきて，読み書きが可能となる．これに要する時間を**回転待ち時間**（rotational latency time）という．シーク時間と回転待ち時間の和を**アクセス時間**（access time）という（定義によっては，さらにデータ転送時間を加えることもある）．

ハードディスクのアクセス時間はDRAMの読み書きに要する時間よりもはるかに大きいため，コンピュータシステム全体の応答速度向上のためには，ハードディスクへのアクセス回数をできるだけ減らすことが重要である．通常，業務で使用するようなサイズの大きいデータベースは主記憶に収まりきらないた

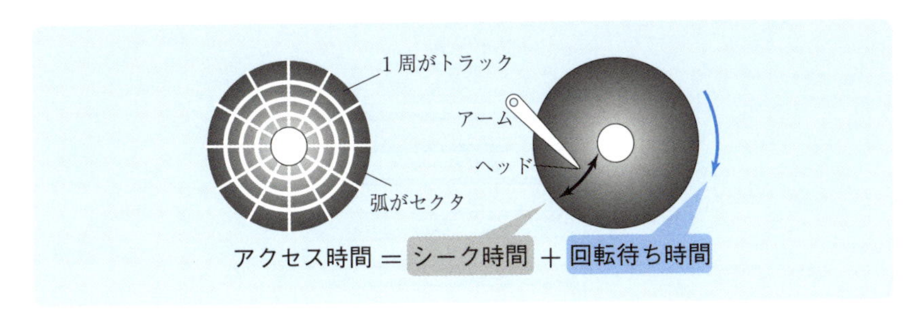

図 4.1　ハードディスク

め，一部のみが主記憶上に存在し，主記憶にないデータが必要になった時点でハードディスクから読み出される．ハードディスクへのアクセス回数を減らす方法として，**バッファリング**（buffering）という技術が用いられる．一度読み出したハードディスクのブロックを，主記憶上の**バッファ**（buffer）と呼ばれる領域に保存しておく．そして，再度そのブロックへのアクセスが必要になったときには，ハードディスクから読み出すのではなく，バッファを参照するのである．したがって，バッファ領域を多く取れば，その分バッファ上に所望のデータが存在する確率が高くなり，データ参照効率が上がることが期待される．書き込みについても同様に，データの更新があるたびにハードディスクに書き込んでいては動作が遅くなるため，バッファの内容のみを更新する．データベース管理システムは，ユーザの処理とは非同期に，適宜バッファの内容をハードディスクへ書き込む．

さて，データベース管理システムでは，**ファイル**（file），**レコード**（record），**フィールド**（field）という概念を用いて格納領域を抽象化して扱う．ここで，ファイルとはレコードの系列であり，レコードはフィールドの系列と定義される（図 4.2）．関係インスタンス，タプル，属性値はそれぞれファイル，レコード，フィールドとして格納される（図 4.3）．また，後述する索引情報もファイルとして格納される．

通常，ブロックサイズはレコードサイズよりもはるかに大きいため，ブロック内でレコードを物理的にどう配置・格納するかが，アクセス回数を減らす上で重要である．フィールドは大きさが決まっている固定長タイプのものとレコードごとに大きさが変わる可変長タイプのものがある．固定長の場合，領域の管

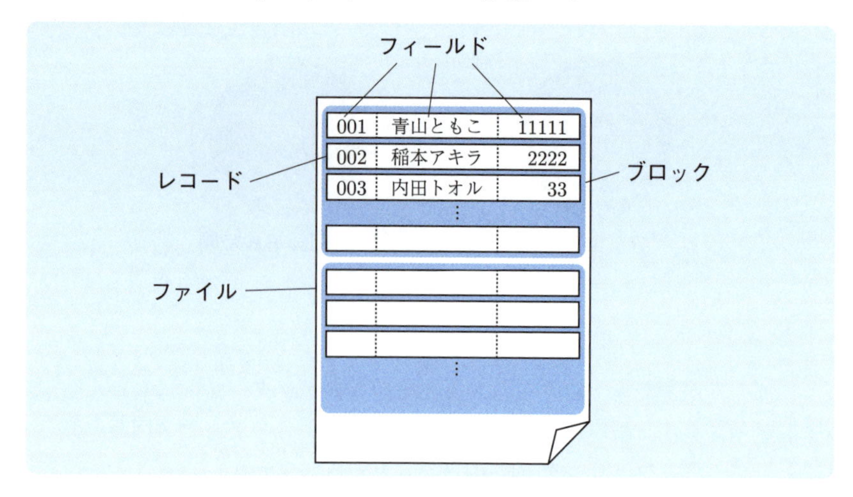

図 4.2　ファイルの構造

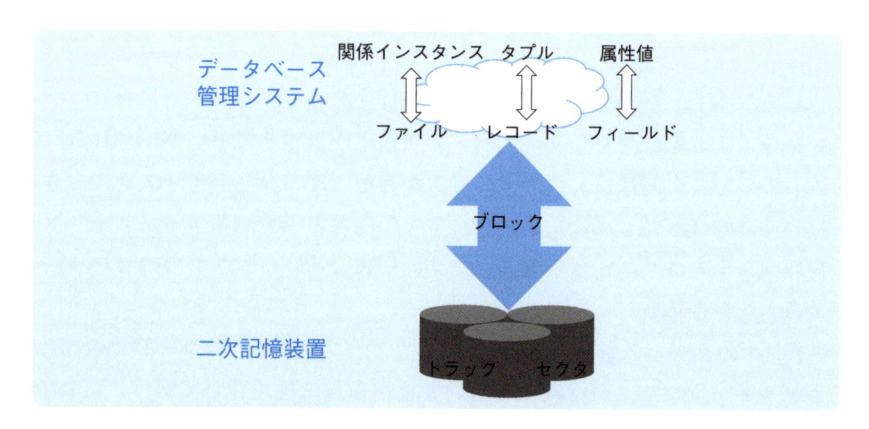

図 4.3　二次記憶管理の用語

理がしやすい一方で，固定長に満たない値が多く格納されると空き領域が増えるためデータの格納効率が悪くなる．一方，可変長の場合，大きさに合わせて領域を確保できるため格納効率は上がるが，レコードごとに大きさが変わるため，領域の管理が煩雑になる．

コラム　2 章では，タプルは属性名集合から属性値集合への関数と定義していた．しかし，図 4.2 に示すように，各レコードには属性名の情報はもたせず，属性値だけを順に記録する．どのフィールドがどの属性名に対応するかは，別途管理する．　○

問 4.1　単一のレコードを複数のブロックにまたがるように格納することは避けるべきであるが，それはなぜか．　○

ファイル編成

ファイル内でレコードをどう配置するか，すなわち**ファイル編成** (file organization) の選択は，データベースの性能を左右するため非常に重要である．ファイル編成は以下の 3 種類に分類される．

- **ヒープファイル**：空き領域ならどこにでもレコードを配置できる．
- **順次ファイル**：指定された属性の値の昇順または降順でレコードを読み出せるように配置する．
- **ハッシュファイル**：指定された属性の値のハッシュ値によりレコードの配置場所を決める．

以下，順にそれぞれのファイル編成法について説明する．

ヒープファイル (heap file) によるレコード管理の様子を図 4.4 に示す．ヒープファイル編成では，新しくレコードが挿入されたとき，ファイルの空き領域ならどこにでもそのレコードを配置してよい．空き領域がない場合はファイルの末尾に配置する．空き領域を管理するための情報をたとえばファイルの先頭に用意しておくことで，レコードの挿入は効率的に行える．ただし，レコード

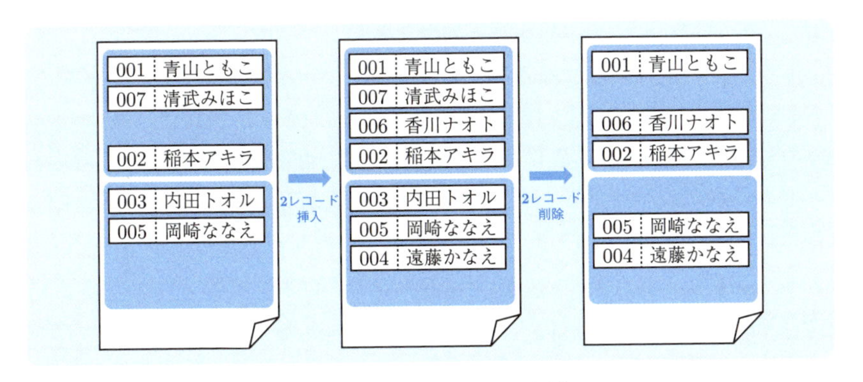

図 4.4　ヒープファイル編成

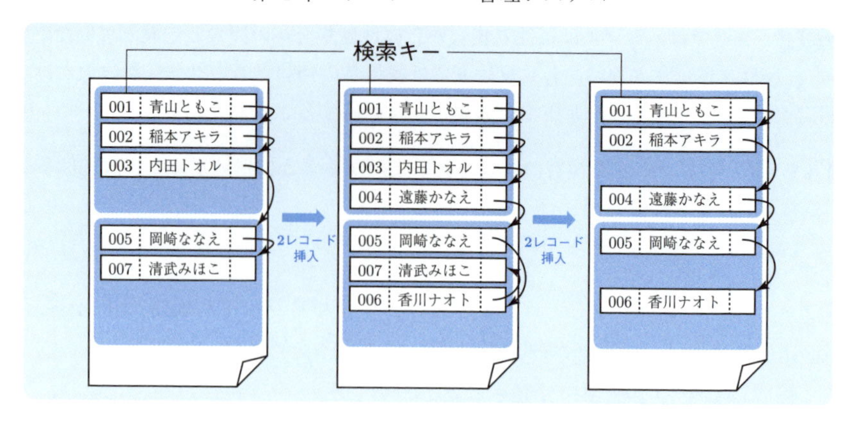

図 4.5　順次ファイル編成

の配置順序については何も保証がないので，検索時は原則として全スキャンとなり効率は悪い．また，レコードの削除を繰り返すと空き領域が散在することになり，記憶領域の使用効率が悪くなる．このため，適当なタイミングで記憶領域を整理する必要がある．

順次ファイル（sequential file）編成では，指定された属性の値の昇順または降順でレコードを読み出せるように配置する．この指定された属性のことを**検索キー**（search key）と呼ぶ．検索キー値に関する検索，特に値の範囲を指定した検索に優れている．

順次ファイルによるレコード管理の様子を図 4.5 に示す．各レコードには次のレコードの位置を示すポインタが付随しており，このポインタをたどることでレコードを適切な順に読み出すことができる．レコードの挿入の際には，挿入するレコードの直前の順になるべきレコードをファイルから探し，できるだけそのレコードと同じブロックに配置する．たとえば図 4.5 において，検索キー値 004 のレコードを挿入する際には，そのレコードの直前の順になるべきレコードすなわち 003 のレコードが存在するブロックに配置する．このように，挿入のたびにレコード配置先のブロックを決めるための検索が必要となるため，ヒープファイルよりもレコード挿入の効率は悪くなる．なお，該当ブロックに空き領域がない場合は新しいブロックを用意してそこに配置する．また，ヒープファイル編成と同様に，挿入や削除を繰り返すと記憶領域の使用効率が悪くなるた

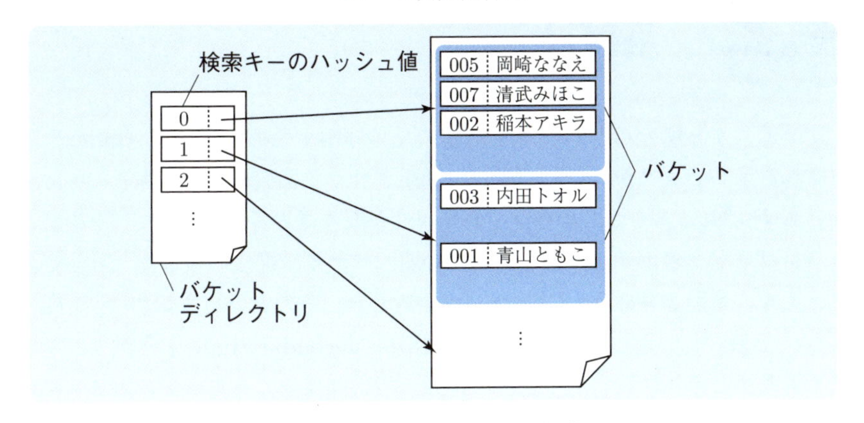

図 4.6　ハッシュファイル編成

め，適当なタイミングで記憶領域を整理する必要がある．

ハッシュファイル（hash file）編成では，順次ファイルのときと同様に検索キーと呼ばれる属性が指定されており，検索キー値のハッシュ値により定まる**バケット**（bucket）と呼ばれる領域にレコードを配置する．ハッシュファイルによるレコード管理の様子を図 4.6 に示す．1 つのバケットは，典型的には 1 つのブロックである．バケットディレクトリは検索キー値のハッシュ値とそれに対応するバケットのアドレスを格納している．レコードの配置場所は以下のように決定される．まず検索キー値のハッシュ値を求め，バケットディレクトリから該当するバケットが決定される．該当バケットに空き領域があれば，レコードはそこに配置される．もし空き領域がなければ，既存のバケットを拡張するなどして配置領域を新たに確保する必要がある．

この方式では，検索キー値のハッシュ値によりレコードの配置位置を特定できるので，アクセス効率は 3 つの編成法の中で最も良い．ただし，レコードが検索キー値の順に配置されているわけではないので，検索キー値順のアクセスや値の範囲を指定したアクセスには不向きである．また，バケットがあふれる割合が高まると格納効率が悪くなるため，バケットの再編成が必要になる．

4.2 索引

ファイルから所望のレコードを高速に見付け出すために，**索引**（index）と呼ばれるメタデータがしばしば構築・利用される．索引は，**検索キー**（search key）と呼ばれるあらかじめ指定された属性が取り得る各値について，その値をもつレコードへのポインタを格納している．ファイル編成の検索キーと，そのファイルの索引の検索キーが一致しているとき，その索引を**主索引**（primary index）と呼び，一致していないとき**二次索引**（secondary index）と呼ぶ．ファイル編成法とそれに適合する索引の種類の対応関係を，あらかじめ表 4.1 に示しておく．

索引自体もファイルとして格納されるため，以降では，関係インスタンスが格納されたファイルをデータファイルと呼び，索引が格納されたファイルを索引ファイルと読んで区別することにする．

順次ファイルに対する主索引

順次ファイルに対する主索引としては，通常，B^+ 木と呼ばれるデータ構造が用いられる．

表 4.1　ファイル編成法と索引

ファイル編成法	主索引	二次索引
ヒープファイル	—	B^+ 木，ハッシュ
順次ファイル	B^+ 木	B^+ 木，ハッシュ
ハッシュファイル	（ハッシュ）	B^+ 木，ハッシュ

図 4.7　B^+ 木の頂点の構造

定義 4.1

B$^+$ 木 (B$^+$-tree) とは以下の条件を満たす木である．

- B$^+$ 木の各頂点は，検索キーの値を格納するための n 個の領域 $K_1,\ldots, K_n$ と，子頂点やレコードを指すポインタを格納するための $n+1$ 個の領域 $P_1,\ldots, P_{n+1}$ から成る（図 4.7）．以下，領域 K_i, P_j に格納されている内容をそれぞれ $*K_i$, $*P_j$ と書く．
- バランス木である．すなわち，根頂点から各葉頂点までの経路の長さはすべて等しい．
- 頂点 v に格納されている検索キー値の個数を m_v とおくと，v が根頂点のとき $1 \leq m_v \leq n$, 根頂点以外のとき $\lceil n/2 \rceil \leq m_v \leq n$ である．さらに，これら m_v 個の値は $K_1,\ldots, K_{m_v}$ に昇順に格納されている．
- 葉頂点 v について，ポインタ $*P_i$ $(1 \leq i \leq m_v)$ は検索キー値として $*K_i$ をもつレコードを指し，ポインタ $*P_{n+1}$ は右隣の葉頂点を指す．
- 内部頂点 v について，ポインタ $*P_i$ $(1 \leq i \leq m_v + 1)$ が指す部分木には，$*K_{i-1}$ 以上 $*K_i$ 未満の検索キー値しか現れない．特に，$*P_1$ が指す部分木には $*K_1$ 未満の検索キー値しか現れず，$*P_{m_v+1}$ が指す部分木には $*K_{m_v}$ 以上の検索キー値しか現れない．

$n = 2$ の B$^+$ 木の例を図 4.8 に示す．B$^+$ 木は 1 頂点が 1 ブロックとなるように設計するのが典型的である．

検索キー値 X をもつレコードの検索方法は以下のとおりである．まず，B$^+$ 木の根頂点において $*K_{i-1} \leq X < *K_i$ を満たす i を見付け，ポインタ $*P_i$ をたどる．これを葉頂点に到達するまで再帰的に繰り返す．葉頂点では $*K_i = X$ を満たす i を見付け，ポインタ $*P_i$ をたどり，所望のレコードを得る．B$^+$ 木がバランス木であることから，たどる頂点の数は木の高さプラス 1 であり，どのレコードの検索も効率良く行える．

検索キー値 X をもつレコードが挿入されたときの B$^+$ 木の更新方法は以下のとおりである．まず，検索と同じ方法で X が格納されるべき葉頂点 v を見付ける．$m_v < n$ の場合，X を格納すべき適切な K_i を見付け，K_j と P_j $(i \leq j \leq m_v)$ の内容をそれぞれ K_{j+1} と P_{j+1} に移動する．最後に X を K_i に格納し，挿入されたレコードへのポインタを P_i に格納する．$m_v = n$ の場合，頂点の分割

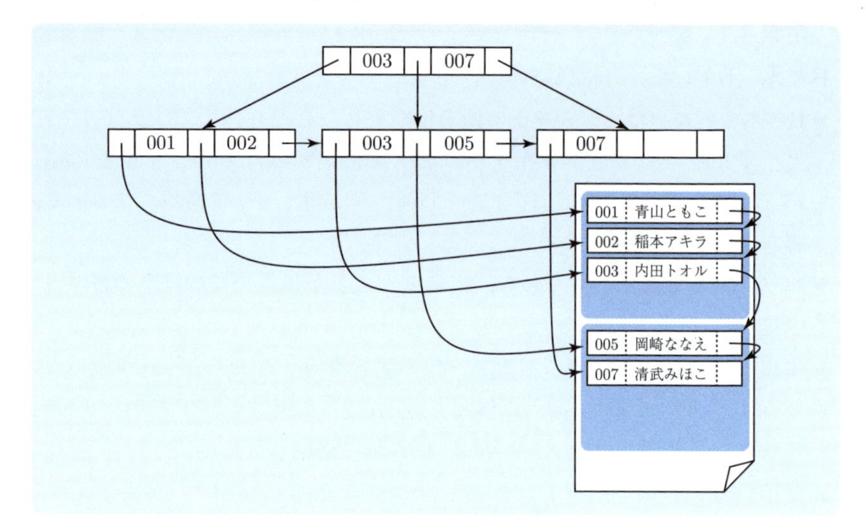

図 4.8 B^+ 木の例

操作を行う．具体的には，新たな葉頂点 u を生成し，それぞれ $n+1$ 個の検索キー値とポインタのうち前半の $\lceil (n+1)/2 \rceil$ 個ずつをもとの葉頂点 v に，後半の $\lfloor (n+1)/2 \rfloor$ 個ずつを新たに生成した葉頂点 u に格納する．そして v の親に u の $*K_1$ を挿入する操作を再帰的に繰り返す．図 4.8 の B^+ 木に検索キー値 004 をもつレコードを挿入したときの B^+ 木の更新の様子を図 4.9 に示す．

検索キー値 X をもつレコードが削除されたときの B^+ 木の更新方法は以下のとおりである．まず，X が格納されている葉頂点 v を見付ける．$\lceil n/2 \rceil < m_v$ の場合，$*K_i = X$ となる i について K_i と P_i の内容を削除し，K_{j+1} と P_{j+1} $(i \leq j \leq m_v - 1)$ の内容をそれぞれ K_j と P_j に移動して終了する．$\lceil n/2 \rceil = m_v$ の場合，v と同じ親をもつ隣の葉頂点 u が格納している値の個数 m_u を調べる．$\lceil n/2 \rceil < m_u$ の場合，u に格納されている検索キー値とそれに関連付けられたポインタの組を 1 つ v に移動させ，v と u の親が格納している検索キー値を適切に更新する．$\lceil n/2 \rceil = m_u$ の場合，v を u に合併させる．すなわち，v が格納している情報をすべて u に移動させたのち，v を削除する．そして，この合併に伴う検索キー値の削除操作を v の親に対して再帰的に繰り返す．図 4.9 の最後の B^+ 木から検索キー値 007 をもつレコードを削除した場合の B^+ 木の更新の様子を図 4.10 に示す．

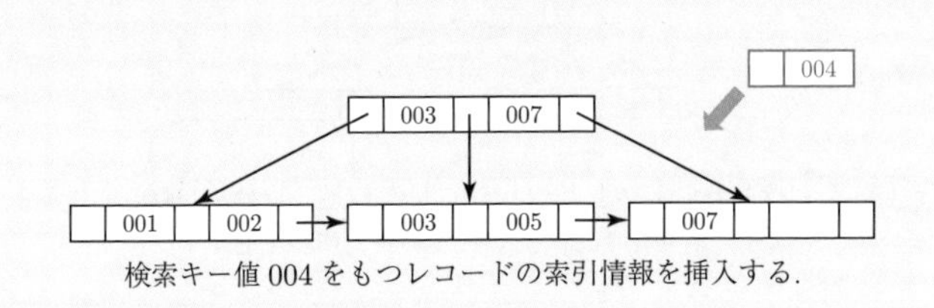

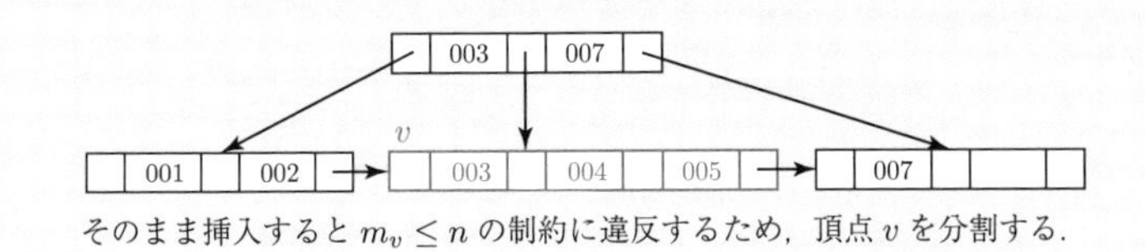

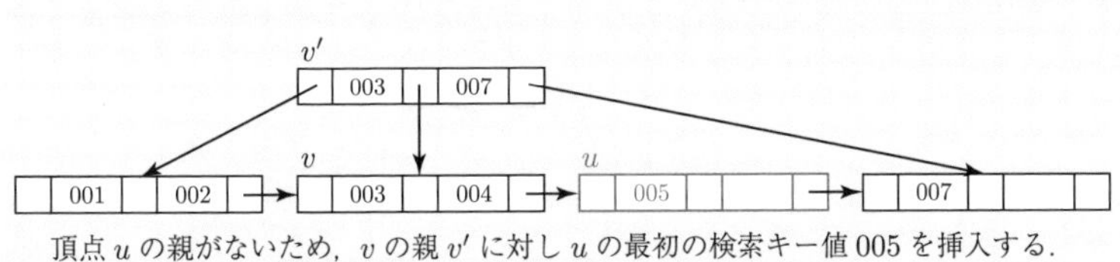

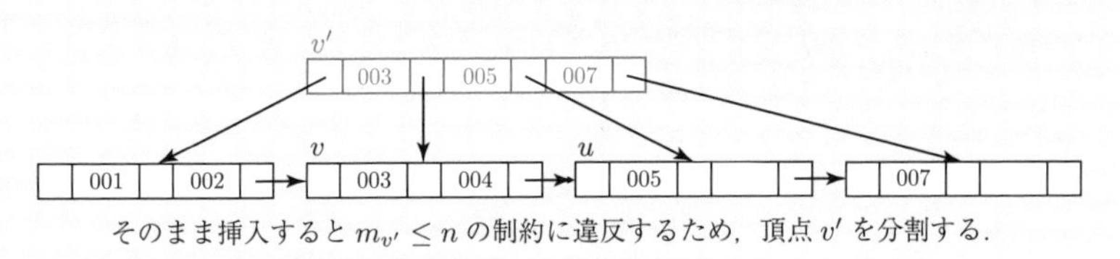

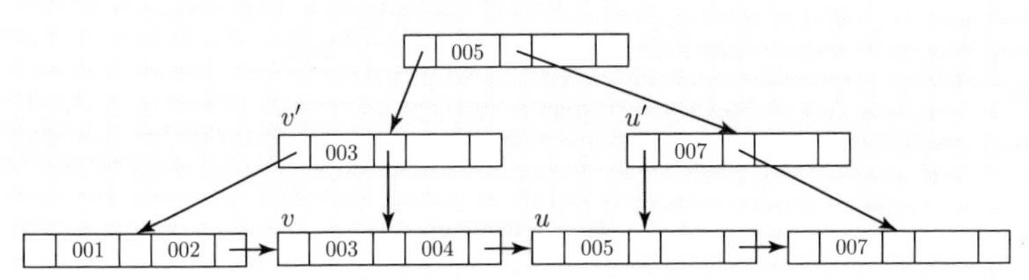

再帰的にこの処理を繰り返す．
この例の場合，新たな根頂点が導入され，最終結果は上のようになる．

図 4.9 レコード挿入時の B^+ 木の更新

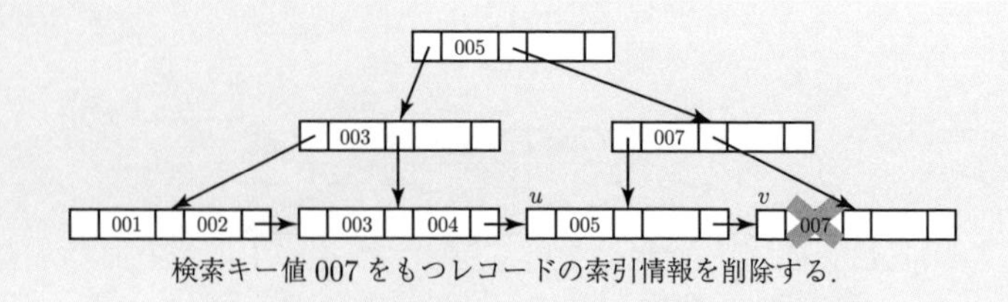

検索キー値 007 をもつレコードの索引情報を削除する．

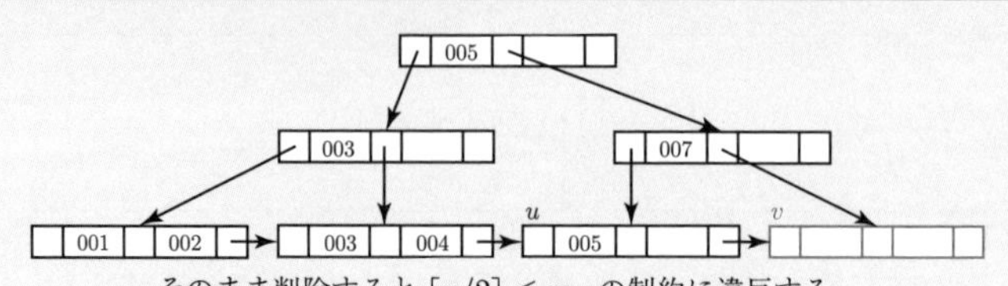

そのまま削除すると $\lceil n/2 \rceil \leq m_v$ の制約に違反する．
同じ親をもつ隣の葉頂点 u について $\lceil n/2 \rceil = m_u$ であるため，v を u に合併させる．

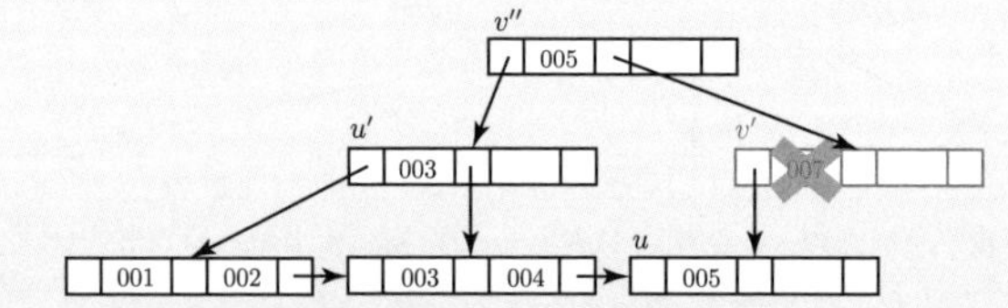

頂点 v' においては，P_2 に格納するポインタがないため，K_1 を削除する．
その結果，$\lceil n/2 \rceil \leq m_{v'}$ の制約に違反する．
同じ親 v'' をもつ隣の頂点 u' について $\lceil n/2 \rceil = m_{u'}$ であるため，v' を u' に合併させる．
このとき，v'' において v' と u' の間にある検索キー値 005 も合併する．

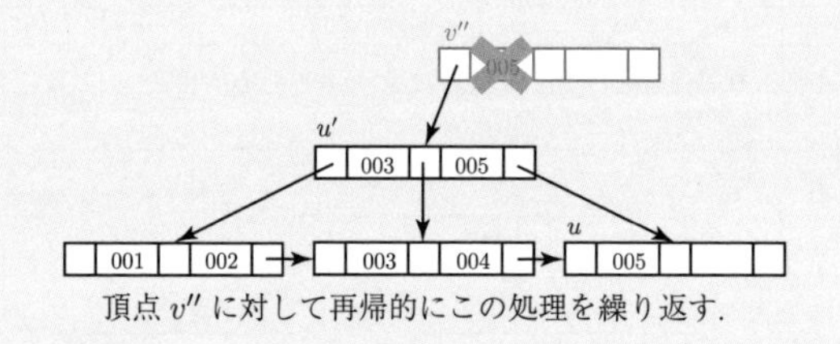

頂点 v'' に対して再帰的にこの処理を繰り返す．

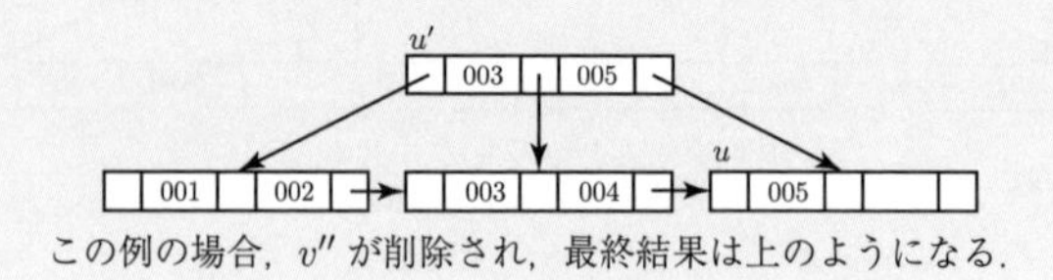

この例の場合，v'' が削除され，最終結果は上のようになる．

図 4.10　レコード削除時の B^+ 木の更新

問 4.2 レコードの挿入時や削除時の B^+ 木の更新手続きの最悪時間計算量をそれぞれ検討してみよ． ○

コラム B^+ 木の前身として，B 木がある．B 木は葉以外の頂点にもレコードへのポインタを格納できるのに対し，B^+ 木ではレコードへのポインタの格納は葉に限られている．B^+ 木では葉同士をつないでいるポインタにより，検索キー値に基づいてレコードを順にアクセスすることができるよう，つまり範囲検索が効率良く行えるよう改良されている．多くの DBMS では，B^+ 木での索引付けをサポートしている． ○

ハッシュファイルに対する主索引

ハッシュファイルに対する主索引は，ハッシュファイルがもつバケットディレクトリそのものである（図 4.6）．これは**ハッシュ索引**（hash index）とも呼ばれる．

二次索引

二次索引としては，ファイル編成に関わらず，B^+ 木とハッシュ索引の両方を利用できる（表 4.1）．B^+ 木を利用した二次索引の例を図 4.11 に示す．主索引のときとの違いは，B^+ 木の葉のポインタがレコードを直接指すのではなく，レコードを指すために新たに用意されたポインタ（図 4.11 の中央下部分）を間接的に指している点である．一般に検索キーは候補キーであるとは限らないため，指定した検索キー値をもつレコードは複数存在する．主索引の場合，それらのレコードは順次ファイル編成によって連続して配置されているので，2 番目以降のレコードは 1 番目のレコードから順にたどってアクセスすることができる．しかし，二次索引の場合は連続して配置されているとは限らない．そのため，すべてのレコードを指すための新たなポインタ構造が必要になる．ハッシュ索引の場合も同様に，バケットディレクトリはレコードが格納されたバケットを直接指すのではなく，レコードを指すために新たに用意されたポインタが格納されたバケットを間接的に指す．

B^+ 木を用いた索引とハッシュ索引の比較

レコードの検索，挿入，削除について，ハッシュ索引は B^+ 木よりも一般に高速に行える．ただし，ハッシュ索引は，バケットを構成するブロックの数に偏りが現れると，検索キー値ごとの検索性能の均一性を担保できない．これに

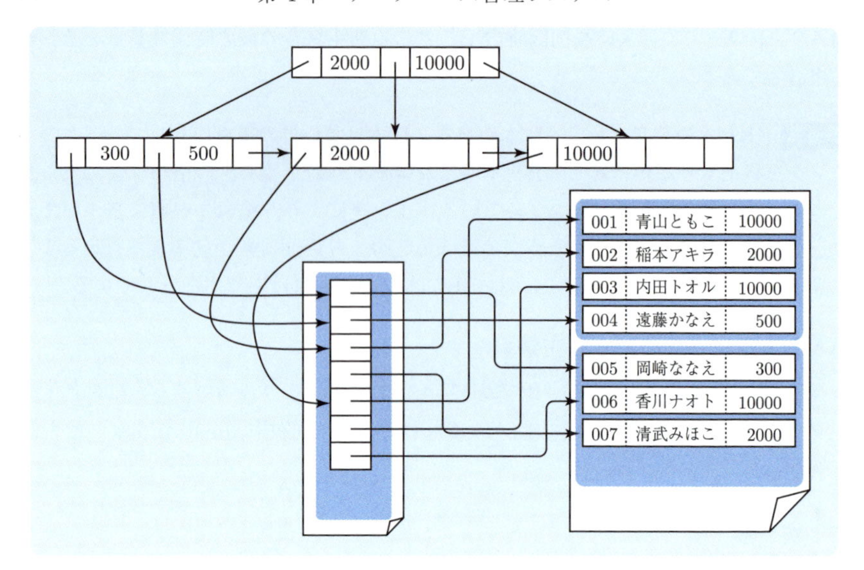

図 4.11 B$^+$ 木を利用した二次索引

対し，B$^+$ 木はバランス木であるため，レコードの挿入，削除を繰り返しても検索性能の均一性が保証される．

検索の種類について，B$^+$ 木は検索キー値順のアクセスが可能である．これに対し，ハッシュ索引はバケット内の検索キー値間，およびバケット間に順序性はなく，比較演算を用いた検索やソートが必要なグルーピングや関数を使った検索には対応できない．

コラム 索引をどの属性に対して構築するかによってアプリケーションの性能に大きな影響を与える．索引を構築するとディスクの容量を消費する他，挿入，削除などの更新時に索引の維持コストがかかる．このため，検索に使われる頻度が低い属性に対して索引を構築することは必ずしも得策ではない．

また，そもそもデータ数が少ないときには全スキャンしてもそれほど時間がかからないため，索引を構築してもあまり効果が得られないことがある．他に，異なる値の数が少ない属性に対しても，索引付けの結果結局レコードを絞ることができないため，効果が小さい．データベース管理者は全体の性能バランスを考えて索引を構築する必要がある． ○

4.3 問合せ処理と最適化

ユーザが与えたSQL問合せは以下の3ステップにより処理される（図4.12）.

(1) SQL問合せの評価プランへの変換

(2) 最適な評価プランの選択

(3) 選択した評価プランに基づく問合せの評価

ここで**評価プラン**（evaluation plan）とは，関係代数式内の演算に，その評価方法を注釈付けた式である.

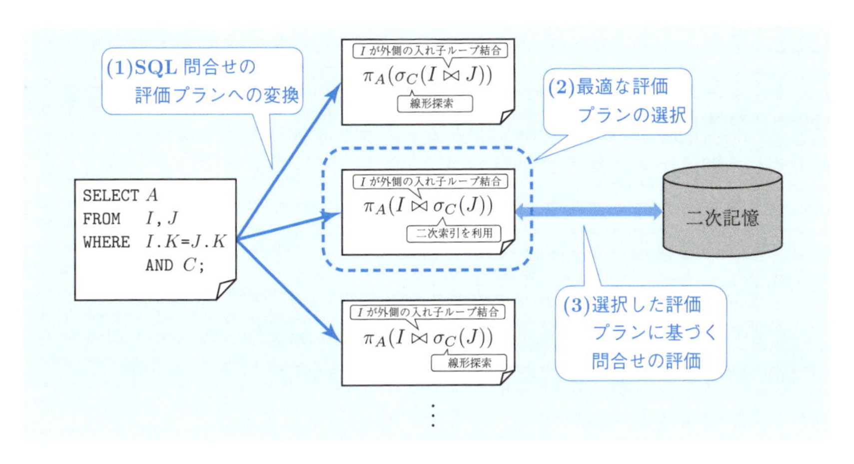

図4.12 問合せ処理

例4.1 関係「マイレージ会員名簿」（表2.1）と関係「搭乗履歴」（表2.5）を対象にした次のSQL文を考える.

```
SELECT DISTINCT 会員名
FROM    マイレージ会員名簿, 搭乗履歴
WHERE   マイレージ会員名簿.会員番号 = 搭乗履歴.会員番号 AND
        便名 = 'J101';
```

J101便に搭乗したことがあるマイレージ会員の名前を返す問合せである．このSQL文と同じ意味の関係代数式として，以下の Q_1 や Q_2 がある.

$$Q_1 = \pi_{\text{会員名}}(\sigma_{\text{便名}='\text{J101}'}(\text{マイレージ会員名簿} \bowtie \text{搭乗履歴}))$$

$$Q_2 = \pi_{\text{会員名}}(\text{マイレージ会員名簿} \bowtie \sigma_{\text{便名}='\text{J101}'}(\text{搭乗履歴}))$$

Q_1 や Q_2 に現れる関係代数演算に対し，後述する評価方法のいずれかを注釈付けた式が評価プランである． ○

例 4.1 からもわかるように，与えられた SQL 問合せと同じ意味の関係代数式は一般に複数存在する．さらに，各関係代数演算の評価方法も一般に複数存在する．したがって，一般には 1 つの SQL 問合せから異なる評価プランが複数得られる．これらは当然同じ評価結果を返すが，その実行時間は大きく異なる可能性がある．そのため，データベース管理システムには，ステップ (2) においてできるだけ実行時間が短い評価プランを見付け出すことが望まれる．これを**問合せ最適化**（query optimization）と呼ぶ．

問合せ評価にかかる時間はさまざまな要因からの影響を受けるため，それを正確に見積もるのは極めて困難である．これは一般のプログラムにおける実行時間の見積りの難しさと同様である．そのため，一般のプログラム（アルゴリズム）については，まず基本となる操作を決めて，その操作が何回実行されるかで全体の実行時間の見積りとするのが通常である．データベース問合せの実行時間の見積りも同様の手法をとる．その手法で見積もった実行時間のことを，以降では**実行コスト**（execution cost）と呼ぶことにする．

では，基本となる操作として何を選べばよいだろうか？ データベース問合せの実行中には二次記憶へのアクセスが何度も発生し得ること，そして二次記憶へのアクセスは主記憶上だけで完結する操作と比べて圧倒的に時間がかかることに注意しよう．これを踏まえて本書では，基本となる操作として，二次記憶とバッファの間のブロック転送操作を選ぶことにする．ここで，もしバッファサイズが十分に大きければ，必要なファイル全体をバッファに読み出してあとは主記憶上で処理すればよいことになり，問合せの内容に関わらず実行コストは関係の大きさだけで決まってしまう．そのため，実行コストの見積りにおいては，バッファサイズが小さく，1 関係あたり 1 ブロック分のバッファしか利用できないという「最悪」の場合を想定する．

コラム 実行コストをより精密に見積もるために，ブロック転送操作に加えて二次記憶上のシーク操作も考慮することがある．さらに，平均ブロック転送時間や平均シーク時間をそれらの操作回数に乗じることで，見積もった実行コストにより具体性をもたせることができる．○

以下，選択演算と自然結合演算について，評価方法と実行コストを見ていく．

選択演算の評価方法と実行コスト

選択演算 $\sigma_{A=c}(I)$ について考える．

- ファイルの先頭のレコードから順に条件 $A = c$ が成立するかを確認するアルゴリズムを線形探索と呼ぶ．関係インスタンス I のファイルを格納しているブロックの数が b_I だとすると，線形探索の実行コストは b_I である．なお，属性 A が候補キーの場合は，該当するレコードがたかだか 1 つであることが保証される．そのため，最悪時の実行コストは b_I と変わらないが，平均の実行コストは $b_I/2$ となる．
- 関係 I が B^+ 木による主索引をもつとし，属性 A をその検索キーとする．索引の B^+ 木の高さを h とおくと，B^+ 木の頂点（すなわちブロック）にアクセスする回数は $h+1$ 回である．選択条件を満たすレコードが b 個のブロックにわたって存在するとき，実行コストは $h+b+1$ である．特に属性 A が候補キーの場合は，選択条件を満たすレコード数はたかだか 1 であるため，最悪時の実行コストは $h+2$ となる．
- 関係 I が B^+ 木による二次索引をもつとし，属性 A をその検索キーとする．索引の B^+ 木の高さを h，選択条件を満たすレコード数を n とし，レコードを直接指すポインタが b_P 個のブロックにわたって格納されているとすると，最悪時の実行コストは $h+n+b_P+1$ である．

自然結合演算の評価方法と実行コスト

次に自然結合演算 $I \bowtie J$ について考える．I と J の共通属性集合を X とする．また，I と J を格納しているブロックの数をそれぞれ b_I, b_J とし，I のレコード数を n_I とする．

- **入れ子ループ結合**（nested-loop join）：Algorithm 4.1 にその手順を示す．自然結合を求める最も単純なアルゴリズムである．最悪時の実行コストは $n_I \cdot b_J + b_I$ である．なお，X を検索キーとする索引を J がもつ場合は，内側のループで J 中のタプルをすべて読み出すのではなく，その索引を使って必要なタプルだけを取り出すようにもできる．
- **ブロック入れ子ループ結合**（block nested-loop join）：Algorithm 4.2 にその手順を示す．内側の関係 J のブロックが，外側の関係 I の 1 ブロックごとにのみ読み出されるよう，入れ子ループ結合を改良したアルゴリズムである．最悪時の実行コストは $b_I \cdot b_J + b_I$ である．
- **マージ結合**（merge join）：Algorithm 4.3 にその手順を示す．関係 I，J ともに，共通属性集合 X に関してソートされていることが前提である．S_I や S_J を格納するのに十分な容量が主記憶にある場合は，両関係とも先頭から順にタプルを一度ずつ読み出すだけで処理が完了するため，実行コストは $b_I + b_J$ となる．

関係代数式の等価変換

例 4.1 で見たように，与えられた SQL 問合せと同じ意味の関係代数式は複数存在する．効率のよい評価プランを選ぶ際に，あらゆる評価プランの実行コストを求めて最小のものを選ぼうとすると，最適化自体に手間がかかりすぎ，全体として非効率的になってしまう．

一般に，問合せ評価の過程で生成される中間結果のデータ量が大きくなると，実行コストに悪影響を与える．選択や射影は，演算結果のサイズが入力よりも小さくなるため，これらの演算を早く行う関係代数式をベースにした評価プランを優先的に選ぶという経験則がしばしば用いられる．具体的には，まず，もとの問合せと等価な関係代数式を 1 つ生成する．そして，選択や射影がなるべく早く行われる（式の内側にくる）ように，各関係代数演算がもつ可換性や結合性などの性質および以下に挙げるような規則を用いて関係代数式を等価変換する．

Algorithm 4.1　入れ子ループ結合

```
Input: 関係 I, J
foreach タプル t_I ∈ I do
    foreach タプル t_J ∈ J do
        if t_I[X] = t_J[X] then t_I ⋈ t_J を出力する;
    end
end
```

Algorithm 4.2　ブロック入れ子ループ結合

```
Input: 関係 I, J
foreach I を格納しているブロック B_I do
    foreach J を格納しているブロック B_J do
        foreach タプル t_I ∈ B_I do
            foreach タプル t_J ∈ B_J do
                if t_I[X] = t_J[X] then t_I ⋈ t_J を出力する;
            end
        end
    end
end
```

Algorithm 4.3　マージ結合

```
Input: 検索キー X により順次ファイル編成された関係 I, J
p_I := (I の先頭のタプルのアドレス);    // p_I が指すタプルを (*p_I) と書く
p_J := (J の先頭のタプルのアドレス);    // p_J が指すタプルを (*p_J) と書く
while p_I も p_J も null ではない do
    (*p_I)[X] = (*p_J)[X] となるまで p_I と p_J のどちらかを読み進める;
    S_I := {t_I ∈ I | t_I[X] = (*p_I)[X]};
    S_J := {t_J ∈ I | t_J[X] = (*p_J)[X]};
    S_I ⋈ S_J を出力する;
    p_I := (S_I の直後のタプルのアドレス);
    p_J := (S_J の直後のタプルのアドレス);
end
```

- 選択演算に関する等価変換規則：

(S1)　$\sigma_{C \wedge D}(I) = \sigma_C(\sigma_D(I))$

(S2)　$\sigma_{C \vee D}(I) = \sigma_C(I) \cup \sigma_D(I)$

(S3)　$\sigma_C(\sigma_D(I)) = \sigma_D(\sigma_C(I))$

(S4)　$\sigma_C(I \cup J) = \sigma_C(I) \cup \sigma_C(J)$

(S5)　$\sigma_C(I \cap J) = \sigma_C(I) \cap \sigma_C(J) = \sigma_C(I) \cap J$

(S6)　$\sigma_C(I - J) = \sigma_C(I) - \sigma_C(J) = \sigma_C(I) - J$

(S7)　C 中の属性がすべて I に含まれるとき，

$$\sigma_C(I \bowtie J) = \sigma_C(I) \bowtie J$$

(S8)　C 中の属性がすべて I に含まれるとき，

$$\sigma_C(I \times J) = \sigma_C(I) \times J$$

- 射影演算に関する等価変換規則：

(P1)　$X \subseteq Y$ のとき，

$$\pi_X(\pi_Y(I)) = \pi_X(I)$$

(P2)　$\pi_X(I \cup J) = \pi_X(I) \cup \pi_X(J)$

(P3)　X, Y がそれぞれ I, J に含まれる属性集合であり，かつ I と J の共通属性集合が $X \cap Y$ に含まれるとき，

$$\pi_{X \cup Y}(I \bowtie J) = \pi_X(I) \bowtie \pi_Y(J)$$

(P4)　X, Y がそれぞれ I, J に含まれる属性集合のとき，

$$\pi_{X \cup Y}(I \times J) = \pi_X(I) \times \pi_Y(J)$$

- 選択演算と射影演算を交換する規則：

(SP1)　C 中の属性がすべて X に含まれるとき，

$$\pi_X(\sigma_C(I)) = \sigma_C(\pi_X(I))$$

例 4.2　A, B がそれぞれ関係 I, J の属性であるとき，関係代数式 $\sigma_{A=a \wedge B=b}(I \bowtie J)$ は以下のように等価変換できる．

$$
\begin{aligned}
& \sigma_{A=a \wedge B=b}(I \bowtie J) \\
\Rightarrow\ & \sigma_{A=a}(\sigma_{B=b}(I \bowtie J)) && \text{（等価変換規則 (S1)）} \\
\Rightarrow\ & \sigma_{B=b}(\sigma_{A=a}(I \bowtie J)) && \text{（等価変換規則 (S3)）} \\
\Rightarrow\ & \sigma_{B=b}(\sigma_{A=a}(I) \bowtie J) && \text{（等価変換規則 (S7)）} \\
\Rightarrow\ & \sigma_{B=b}(J \bowtie \sigma_{A=a}(I)) && \text{（自然結合演算の可換性）} \\
\Rightarrow\ & \sigma_{B=b}(J) \bowtie \sigma_{A=a}(I) && \text{（等価変換規則 (S7)）}
\end{aligned}
$$

○

問 4.3　$\pi_X(I \cap J) = \pi_X(I) \cap \pi_X(J)$ や $\pi_X(I - J) = \pi_X(I) - \pi_X(J)$ が一般には成立しないことを示せ．　○

コラム　選択や射影を早く行うという経験則は，いつでもうまく働くというわけではないことに注意しよう．たとえば，例 4.2 において，関係 I, J のタプル数をそれぞれ $n_I = 1000$, $n_J = 50$ とし，I, J の共通属性集合を X とする．仮に，I や J に現れる X の値が 1 種類しかないとすると，$I \bowtie J$ のタプル数は $1000 \times 50 = 50000$ になるので，選択演算を先に行ってから自然結合をとったほうがよいだろう．一方，I での X の値と J での X の値に共通のものがほとんどない場合は，$I \bowtie J$ のタプル数は 0 に近くなるので，先に結合演算を行ったほうがよいだろう．そこまで極端なケースでなくても，X が I の候補キーである場合は，$I \bowtie J$ のタプル数はたかだか $n_J = 50$ にしかならない．実用のデータベース管理システムでは，データに現れる値の種類数や分布といった統計情報および属性の性質（候補キーか否か）も考慮して，実行コストの見積りを行っている．　○

4.4 トランザクション管理

アプリケーション側から見て不可分な，データベース上の一連の処理を**トランザクション**（transaction）と呼ぶ．まず，どのような処理がトランザクションにあたるのかや，なぜそのようなものを考えないといけないのかを，例を通して見ていこう．

例 4.3 座席予約アプリケーション上で顧客 A が座席 x の予約をする場面を考える．このときデータベース上では，まず座席 x の予約状況が確認される．もし x が空席であれば，これを仮予約し，予約の確定に必要なその他の処理を済ませ，最終的に予約を確定する．予約確定に必要な処理の最中に，顧客 A の気が変わって，予約処理全体がキャンセルされることもある．

データベース上で実行されるこれらの一連の処理（トランザクション）は不可分でなければならない．すなわち，座席 x が仮予約されたまま，予約の確定もキャンセルもされないことがあってはならない．なぜなら，座席予約アプリケーションから見ると「顧客 A による座席 x の予約」はそれ以上細かく分けることができない最小の処理単位であり，この処理の終了後は「顧客 A は座席 x を予約した」か「顧客 A は座席 x を予約しなかった」のどちらかの状態でなければならないからである．たとえトランザクション実行の最中に不慮の停電などの障害が発生したとしてもこの性質を満たすように，データベースシステムは設計されていなくてはならない．

また，ある顧客が予約処理を始めてから確定またはキャンセルするまでの間，他の顧客が予約処理をまったくできないのは非常に不便であるので，複数の顧客が同時に予約処理を行えるようにしたい（つまり，複数のトランザクションを同時に実行したい）．しかし，無制限にこれを許すと，「異なる顧客 A と B が同じ座席 x の予約を確定させる」ような問題が起きてしまう．トランザクションがアプリケーションから見たときの最小処理単位であることを鑑みると，複数トランザクションの同時実行によって，逐次実行では到達し得ないような状態に到達してはならない．つまり，データベースシステムはそのような同時実行を許してはならない． ○

一般に，データベースシステムはトランザクションの実行に関して以下の 4 性質をもつことを要求される．これら 4 性質はしばしば **ACID 特性**（ACID properties）と呼ばれる．

- **原子性**（atomicity）：トランザクション実行が不可分であること．すなわち，すべての処理が行われるか，どの処理も行われないかの二者択一であること．前者の状況をトランザクションが**コミット**（commit）されるといい，後者の状況をトランザクションが**アボート**（abort）されるという．
- **整合性**（consistency）：障害が起こらないという前提のもとで，トランザクションの単体での実行によって，データベースの整合性が破壊されてしまわないこと．
- **隔離性**（isolation）：複数のトランザクションの同時実行の結果は逐次実行の結果と同じになること．すなわち，並行実行しているトランザクション同士が実行中に影響を与え合わないこと．
- **耐久性**（durability）：トランザクションのコミット後，そのトランザクションの実行結果（データの更新・生成・削除等）が障害により失われないこと．

例 4.3 で触れたのはいうまでもなく原子性と隔離性である．

データベースシステムにおいてトランザクションは以下のいずれかの状態をとる．

- **アクティブ**：実行中の状態
- **コミット処理中**：コミットのための処理を実行中の状態
- **コミット済**：コミットして終了した状態
- **アボート処理中**：アボートのための処理を実行中の状態
- **アボート済**：アボートして終了した状態

これらの状態間の遷移は図 4.13 のようになる．原子性により，トランザクションはコミット済かアボート済かのいずれかの状態に必ず到達しなければならない．特に，アボートの際には，そのトランザクションが行っていたデータの更新をすべて取り消してトランザクション開始前の状態に戻す処理が必要である．この処理を**ロールバック**（rollback）という．

さて，トランザクションが整合性をもつかどうかは，そのトランザクションを定義しているアプリケーション側の責任である．以下では，トランザクションは整合性をもつという仮定のもとで，残りの原子性，隔離性，耐久性をどのように実現していくのかを見ていくが，その準備としてまずスケジュールという概念を導入する．

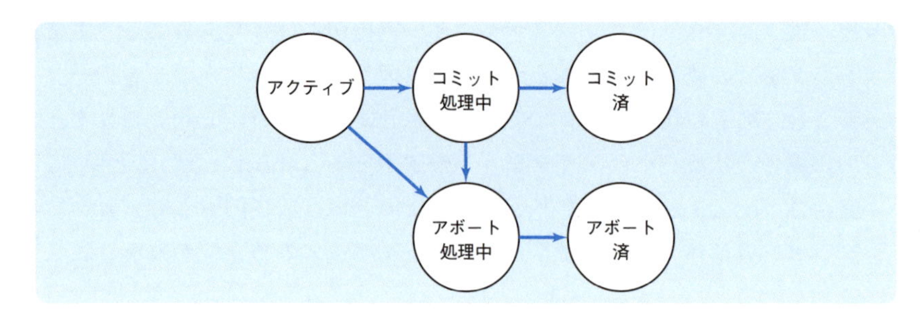

図 4.13 トランザクションの状態

スケジュール

データベースシステムにおける，データに対する基本操作として，読み出しと書き込みを考える．操作の対象はフィールドやレコードであり，ここでは総称してデータアイテムと呼ぶ．トランザクション T_i による，データアイテム x を対象とした読み出しと書き込みをそれぞれ $R_i(x)$, $W_i(x)$ と書く．簡単のため，1トランザクション内での同一データアイテムへの読み出しや書き込みはそれぞれたかだか1回しか行われないとする．次に，トランザクションの実行に関する基本操作として，コミットとアボートを考える．トランザクション T_i をコミットする操作とアボートする操作をそれぞれ C_i, A_i と書く．トランザクション $T_1, \ldots, T_n$ に対する**スケジュール** (schedule) とは，$T_1, \ldots, T_n$ で実行される基本操作列を，その順を崩さずにすべて一列に並べた系列のことである．

例 4.4 T_1 で実行される基本操作列を $W_1(x)R_1(y)C_1$ とし，T_2 で実行される基本操作列を $R_2(x)W_2(y)C_2$ とする．図 4.14 の S_1 から S_4 はすべてスケジュールである．しかし，以下の系列は $W_2(y)$ が $R_2(x)$ に先行しており，T_2 の基本操作列での順序と異なっているため，スケジュールではない．

$$W_1(x)R_1(y)W_2(y)C_1R_2(x)C_2$$

○

スケジュールは，単一 CPU のコンピュータ上で動作しているデータベースシステムにおいて，実行中の複数のトランザクションに含まれる基本操作をどの順で処理していくかを表している．では，ACID 特性を満たすためにはどのようなスケジュールが望ましいかを考えてみよう．

$S_1 = W_1(x)R_1(y)C_1R_2(x)W_2(y)C_2$	直列
$S_2 = W_1(x)R_2(x)R_1(y)C_1W_2(y)C_2$	競合直列化可能
$S_3 = W_1(x)R_2(x)R_1(y)W_2(y)C_2C_1$	競合直列化可能
$S_4 = W_1(x)R_2(x)W_2(y)C_2R_1(y)C_1$	

図 4.14 スケジュールの例

まず，隔離性に注目して考える．互いに割り込みがないスケジュールを**直列**(serial) であるという．たとえば，図 4.14 の S_1 は直列であるが，S_2 から S_4 はすべて直列ではない．直列なスケジュールはトランザクションの逐次実行に相当する．したがって，直列なスケジュールのみを許す方針をとるならば，隔離性を満たせるのは自明である．しかし，例 4.3 でも述べたように，この方針はスループットや平均応答時間に悪い影響を与える．

ここで隔離性の定義をもう一度見直してみよう．何らかの順序で逐次実行した結果と同じになるのであれば，トランザクションを同時実行しても構わないと読み取ることもできる．そこで直列化可能性という概念を導入する．スケジュール S に対し，S と「等価」な直列スケジュールが存在するならば，S は**直列化可能** (serializable) であるという．直列化可能なスケジュールのみを許すことで隔離性を満たすことができるのは，隔離性の定義より明らかである．

スケジュールの「等価性」についてはいくつかの定義が存在するが，ここでは競合等価と呼ばれる定義を紹介する．与えられた 2 つのスケジュール S と S' が**競合等価** (conflict equivalent) であるとは，競合する基本操作の順序が S 内と S' 内とで同じであることをいう．ここで**競合** (conflict) する基本操作とは，同じデータアイテムに対する異なるトランザクションの操作であり，少なくとも一方が書き込みであるものをいう．

例 4.5 図 4.14 のスケジュールを考えると，$W_1(x)$ と $R_2(x)$ が競合しており，$R_1(y)$ と $W_2(y)$ も競合している．S_1 から S_3 は，競合している基本操作間の順序がすべて等しいため，これらは競合等価である．S_4 は $R_1(y)$ と $W_2(y)$ の順序が S_1 から S_3 までとは異なっているため，これらとは競合等価ではない． ○

競合しない基本操作は，どのような順序でそれらを実行しても実行結果は変わらない．競合等価ならば最終的に到達する状態も等しい．

直列なスケジュールと競合等価なスケジュールを**競合直列化可能**（conflict serializable）であるという．与えられたスケジュールが競合直列化可能かどうかは多項式時間で判定できることが知られている．

例 4.6 再び図 4.14 のスケジュールを考える．S_1 から S_3 は競合等価であり，かつ S_1 は直列であるため，これら 3 つのスケジュールは競合直列化可能である．一方，S_4 と競合等価な直列スケジュールは存在しないことが容易に確認できる．すなわち S_4 は競合直列化可能ではない． ○

コラム スケジュールの等価性の他の定義として，ビュー等価性や最終状態等価性などがある．与えられた 2 つのスケジュール S と S' が**ビュー等価**（view equivalent）であるとは，直観的には，各読み出し操作が S においても S' においても同じ値を読み出し，かつ到達する最終状態も同じであることをいう．また，与えられた 2 つのスケジュール S と S' が**最終状態等価**（final-state equivalent）であるとは，S と S' とで到達する最終状態が同じであることをいう．

3 つの等価性定義の中で，最終状態等価性が最も条件が緩く，競合等価性が最も条件が厳しい．より多くのスケジュールを許可できるという観点からは，等価性の定義は緩いほうが望ましい．しかし，与えられたスケジュールがビュー直列化可能かどうかや最終状態直列化可能かどうかを判定する問題は NP 完全であることが知られている．○

次に，原子性にも注目して考える．実はコミットやアボートのタイミングも非常に重要である．まず，以下のスケジュールを考えてみよう．

$$W_1(x)R_2(x)C_2A_1\cdots$$

A_1 により，トランザクション T_1 はロールバック処理に入り，$W_1(x)$ を取り消そうとする．しかし，$W_1(x)$ を取り消してしまうと，T_2 は行われなかったはずの書き込み $W_1(x)$ の結果を $R_2(x)$ で読み出してコミットしたことになり，隔離性に反する．T_2 のコミット C_2 まで取り消すことは，耐久性に反するため不可能である．どうにもならないからといって放置しておくのはもちろん原子性に反する．したがって，このようなスケジュールは避けなければならない．

スケジュール S が「$W_i(x)$ が $R_j(x)$ に先行するならば，C_j は C_i や A_i よりも先行しない」を満たすとき，S を**回復可能**（recoverable）であるという．先のスケジュールは回復可能ではないが，次のスケジュールは回復可能である．

$$W_1(x)R_2(x)A_1\cdots$$

問 4.4 直列なスケジュールは回復可能であることを示せ． ○

コラム 上のスケジュールでは，$W_1(x)$ の取り消しに伴って $R_2(x)$ の取り消し，すなわち T_2 のアボートを引き起こす．このように，回復可能であってもアボートが連鎖的に引き起こされてしまうスケジュールは望ましくない．

スケジュール S が「$W_i(x)$ が $R_j(x)$ に先行するならば，C_i か A_i がその $R_j(x)$ よりも先行する」を満たすとき，S を**連鎖なし**（cascadeless）であるという．連鎖なしスケジュールでは，トランザクションが読み出すのはコミット済みかロールバック済みの値だけであるので，アボートが連鎖的に引き起こされることはない．なお，連鎖なしであれば回復可能であるが，その逆は成り立たない． ○

同時実行制御

スケジュールがもつべき性質として，直列化可能性と回復可能性という 2 つの性質を見てきた．これらの性質をもつように基本操作を順に実行するための技術が**同時実行制御**である．本書では**ロック**（lock）を用いる手法を紹介する．

例題 4.1 ロックを用いた次のような単純な手法を考える：

> 各トランザクションは開始直後にデータベース全体にロックをかける．ロックがかかったデータベースには，そのロックをかけたトランザクションしかアクセスできない．各トランザクションは終了直前にロックを解除する．

この手法により得られるスケジュールはどのようなスケジュールか．

解答 ロックにより，トランザクション T の開始直後から終了直前まで，データベースにアクセスできるトランザクションは T だけである．したがって得られるスケジュールは必ず直列である．

上の例題で述べた単純な手法を，直列でないスケジュールも得られるように改良するには，どうすればよいだろうか．まずは，ロックをかける対象の粒度を小さくすればよい．すなわち，データベース全体ではなく，読み出しや書き込みの対象ごと（すなわちデータアイテムごと）に個別にロックをかけられるようにすればよい．こうすれば，互いに無関係なデータアイテムへのアクセスを同時に行うことができるようになる．

もう1つの改良の方向性は，ロックの種類を増やすことである．同じデータアイテムへのアクセスであっても，読み出しだけならば同時に行うことができる．このことを踏まえて，以下の2種類のロックを導入する．

- **共有ロック**（shared lock）：データアイテム x に共有ロックをかけたトランザクションは，x からの読み出しが可能になるが，x への書き込みはできない．共有ロックがかかった x に対し，他のトランザクションはさらに共有ロックをかけることができるが，以下で述べる排他ロックをかけることはできない．
- **排他ロック**（exclusive lock）：データアイテム x に排他ロックをかけたトランザクションは，x への読み書きが可能になる．排他ロックがかかった x に対し，他のトランザクションはさらにロックをかけることはできない．

各トランザクションは，読み出しのみ行う際には共有ロックを使い，書き込みも行う際には排他ロックを使うようにする．

さて，このままでは図4.14の S_4 のように競合直列化可能でないスケジュールが得られてしまうため，ロックのかけ方に少し制約を与えないといけない．S_4 が競合直列化可能でない本質的な原因は，T_2 の処理が T_1 の処理に完全に割り込んでしまっている点にある．そしてこのような割り込みは，T_1 が y のロックをかける前に x のロックを解除すると起きてしまう．

このような観察に基づいて，**2相ロッキングプロトコル**（two-phase locking protocol）という，必ず競合直列化可能なスケジュールが得られる手法が知られている．2相ロッキングプロトコルに従う各トランザクションは，開始時には**成長相**（growing phase）にいる．成長相では，データアイテムにロックをかけるか，縮退相に遷移するかのどちらかが可能である．したがって，成長相では，自分がかけたロックがどんどん増えていく．**縮退相**（shrinking phase）では，データアイテムにかけたロックを解放することのみ可能である．したがって，縮退相では，自分がかけたロックがどんどん減っていく．

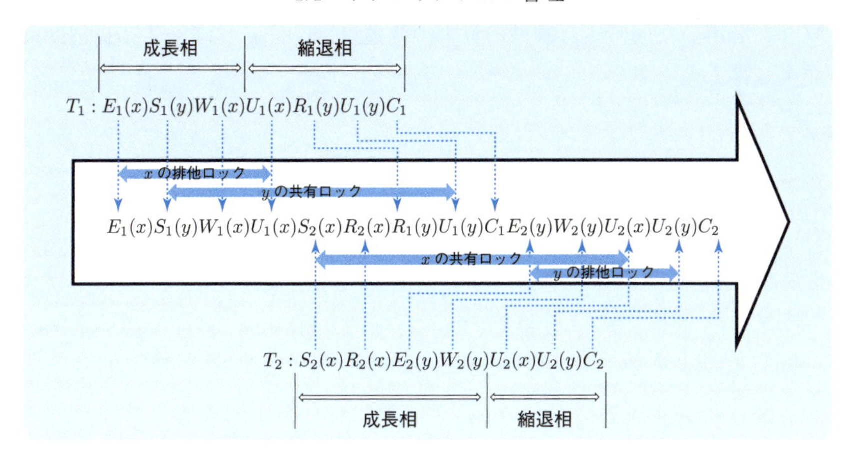

図 4.15　2 相ロッキングプロトコルの適用例

例題 4.2　例 4.4 のトランザクション T_1, T_2 が 2 相ロッキングプロトコルに従うとき，図 4.14 の S_1 や S_2 や S_3 が得られることを確認せよ．

解答　トランザクション T_i がデータアイテム x を対象に共有ロックをかける操作を $S_i(x)$, 排他ロックをかける操作を $E_i(x)$, ロックを解除する操作を $U_i(x)$ と書くことにする．2 相ロッキングプロトコルに従うように，T_1, T_2 の基本操作列にロックの操作を追加すると，たとえば以下のようになる．

$$T_1 : E_1(x)S_1(y)W_1(x)U_1(x)R_1(y)U_1(y)C_1$$
$$T_2 : S_2(x)R_2(x)E_2(y)W_2(y)U_2(x)U_2(y)C_2$$

ロックのかけ方に関する制約を満たしつつ，S_1 から S_3 それぞれに相当するスケジュールを構成すればよい．たとえば，以下は S_2 に相当するスケジュールである（図 4.15 参照）．

$$E_1(x)S_1(y)W_1(x)U_1(x)S_2(x)R_2(x)R_1(y)U_1(y)C_1E_2(y)W_2(y)U_2(x)U_2(y)C_2$$

コラム　連鎖なしスケジュールのみが得られる，2 相ロッキングプロトコルの改良版も知られている．厳格（strict）な 2 相ロッキングプロトコルと呼ばれる改良版では，トランザクションが排他ロックを解放できるのは，トランザクションがコミットするかアボートして終了する直前だけである．　○

ロックを用いた同時実行制御の最大の問題点は，**デッドロック**（deadlock）が発生し得る点であろう．

例 4.7 例4.4のトランザクションT_1, T_2において，T_1がxに排他ロックをかけた直後にT_2がyに排他ロックをかけたとしよう．T_1は$W_1(x)$を実行できるが，続く$R_1(y)$を実行するためにyに共有ロックをかけようとし，T_2によるyの排他ロックが解除されるのを待つ状態に入る．同様にT_2も，$R_2(x)$を実行するためにxに共有ロックをかけようとし，T_1によるxの排他ロックが解除されるのを待つ状態に入る．どちらのトランザクションも，相手がかけたロックが解除されるのを永遠に待ち続けることになってしまう． ○

デッドロックを起こした場合は，それに関わっているトランザクションをアボートしなければならない．デッドロックの検出や回避のためのさまざまな手法が知られている．

障害回復

原子性や耐久性の実現に深く関わっているのが**障害回復**（failure recovery）技術である．

障害は以下の3種類に分類される．

- **トランザクション障害**（transaction failure）：トランザクションが異常終了する障害．原因としては，想定外のデータ値，トランザクションのデッドロックなど．
- **システム障害**（system failure）：主記憶の内容が失われる障害．原因としては，OSのハングアップ，不慮の停電など．
- **メディア障害**（media failure）：二次記憶の内容が失われる障害．原因としては，ハードディスクの物理的故障など．

これらのうち，メディア障害は，RAIDの利用などで二次記憶に冗長性をもたせたり，適切なタイミングでバックアップをとったりすることが対策となる．以下では，メディア障害への対策が十分になされているという前提のもとで，残る2種類の障害からの回復技術を見ていく．

メディア障害への対策が十分という前提のもとでは，トランザクションが基本操作を実行するたびにその実行内容を**ログ**（log）として二次記憶に記録すればよい．特に書き込み操作については，書き込み前の値と書き込み後の値をログに記録する．こうすれば，トランザクション障害時には適切にロールバック処理ができる．またシステム障害が起きても適切な状態から続きを実行できる．

ここで，二次記憶上のあらゆるデータの読み書きは主記憶上のバッファを介して行われることを思い出そう（4.1節参照）．データファイルはもちろん，ログを格納するためのファイル（ログファイルと呼ぶ）もバッファを介して読み書きされる．読み出し時は，まず必要なデータがバッファ上に存在するかどうかをチェックする．もし存在していなければ，ディスク上からバッファにデータの読み出しが行われる．データの書き換えはバッファ上で行われる．バッファ上のデータはバッファ管理機構によって適当なタイミングでディスク上に書き込まれる．バッファ上のデータを強制的にディスクに書き込むことを**フラッシュ**（flush）するという．

さて，ある書き込み操作の結果をフラッシュしたあと，そのログをフラッシュする前にシステム障害が起きたとしよう．このとき，書き込み前の値が何だったかという情報が消失してしまう．そのため，このトランザクションをアボートしなければならなくなっても適切にロールバック処理をすることができない．このことからわかるように，データファイルをフラッシュする前にログファイルをフラッシュすることが重要である．このルールを**WALプロトコル**（write ahead log protocol）と呼ぶ．

ログを用いた回復手法は，データファイルをフラッシュするタイミングに関して以下のように分類できる．

- **NO-REDO/UNDO方式**：コミット前でも書き込み操作の結果をその都度フラッシュする．アボート時には書き込み操作の取り消し（アンドゥ）が必要になるが，障害回復時の書き込み操作のやり直し（リドゥ）は不要である．
- **REDO/NO-UNDO方式**：コミットするまで書き込み操作はログにしか記録しない．コミット直後に書き込み操作の結果をフラッシュする．フラッシュが完了する前にシステム障害が発生した場合は回復時にリドゥが必要になるが，アボート時のアンドゥは不要である．
- **REDO/UNDO方式**：フラッシュするタイミングに制約を設けない．障害回復時やアボート時にはリドゥやアンドゥが必要になるが，最もよく使われている方式である．一定の周期でフラッシュを行う**チェックポイント法**（checkpointing）との併用が有効である．

演習問題

□ **4.1**　毎分6000回転，平均シーク時間が9msのハードディスク装置の平均アクセス時間はいくらか．また，装置の1トラックあたりの平均記憶容量を200KBとしたとき，1ブロック（4KB）のデータを転送するのに要する時間は平均何msか．

□ **4.2**　ヒープファイル，順次ファイル，ハッシュファイルそれぞれについて，検索キーが指定された値をもつレコードを見付けるアルゴリズムとその最悪時間計算量を検討してみよ．また，レコードの挿入や削除についても同様に検討してみよ．

□ **4.3**　図4.8のB^+木に以下の順でレコードの操作を行ったときのB^+木の状態を示せ．

(1)　検索キー値010をもつレコードを挿入

(2)　検索キー値003をもつレコードを削除

(3)　検索キー値008をもつレコードを挿入

(4)　検索キー値005をもつレコードを削除

□ **4.4**　関係Iがハッシュを用いた主索引や二次索引をもつ場合について，$\sigma_{A=c}(I)$の実行コストを検討してみよ．

□ **4.5**　例4.3の状況における整合性や耐久性を説明してみよ．

□ **4.6**　図4.14のスケジュールのうち，回復可能なものをすべて挙げよ．

第5章
情報検索

1章では主に，情報検索システムがその外側の世界に対してどのような位置付けにあるのかを説明した．本章では，情報検索システムの中身，すなわち，膨大な量のデータから問合せの結果となるべきデータを効率よく見付け出して提示するための技術について紹介する．その技術の中核をなしているのが転置索引であり，5.1節で詳しく述べる．5.2節では，問合せの結果をランク付けするための手法を紹介する．最後に5.3節では，ウェブを対象とした場合の情報検索について議論し，PageRankと呼ばれる著名なランク付けアルゴリズムを紹介する．

ブーリアン検索
ランクあり検索
ウェブ検索

5.1 ブーリアン検索

ブーリアン検索モデルでは，入力（問合せ）として，**語**（term）もしくは**検索語**（query term）と呼ばれる検索の最小単位にNOT，AND，ORなどの論理演算を適用した条件式が与えられる．検索語は，通常の意味の単語だけでなく，New YorkやOsaka Universityのように複数単語で1つの特別な意味をなすものや，電話番号や日付を表す数字・記号列などであることもある．出力はその条件式を満たす文書集合である．

例 5.1 問合せの例を示す．

問合せ	出力
software	softwareという検索語を含む文書集合
NOT software	softwareという検索語を含まない文書集合
software AND license	softwareとlicenseの両方を含む文書集合
software OR license	softwareもしくはlicenseを含む文書集合

○

転置索引

情報検索システムには，何万あるいは何億もの文書の中から，問合せの条件式を満たす文書を高速に見付けることが要求される．これを実現するために，情報検索システムでは通常，**転置索引**（inverted index）と呼ばれるデータ構造が利用されている．

図5.1に転置索引の基本構造を示す．検索対象となる文書に現れる語を**索引語**（index term）と呼ぶ．**辞書**（dictionary）は，索引語をアルファベット順に並べたリストである．各索引語には，**ポスティングリスト**（posting list）と呼ばれるデータが関連付けられている．図5.2にポスティングリストの構造の一例を示す．**ポスティング**（posting）は，1文書について，その索引語の出現位置（何語目に現れているか）の情報をもつ．ポスティングリストは，その索引語についてのポスティングを文書IDに基づいて整列したデータである．

コラム ポスティングリストには，各索引語についての統計情報（たとえば出現文書数や出現総数など）を保持させる場合もある．これらの情報は検索の高速化に利用できる．

○

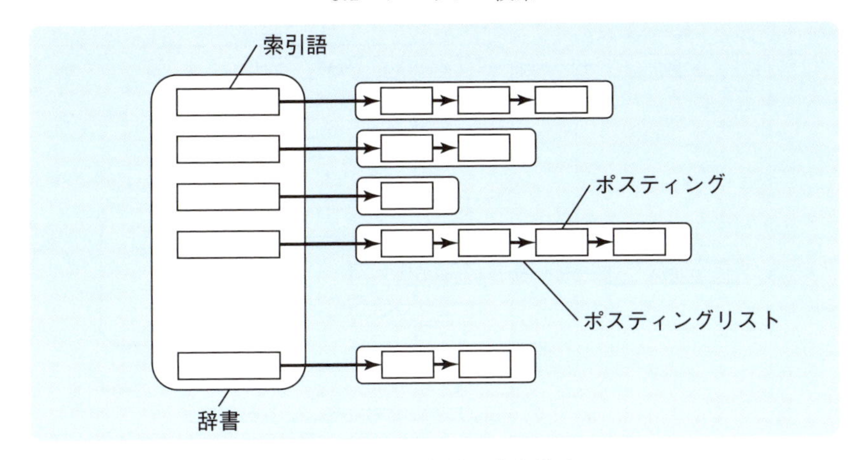

図 5.1　転置索引の基本構造

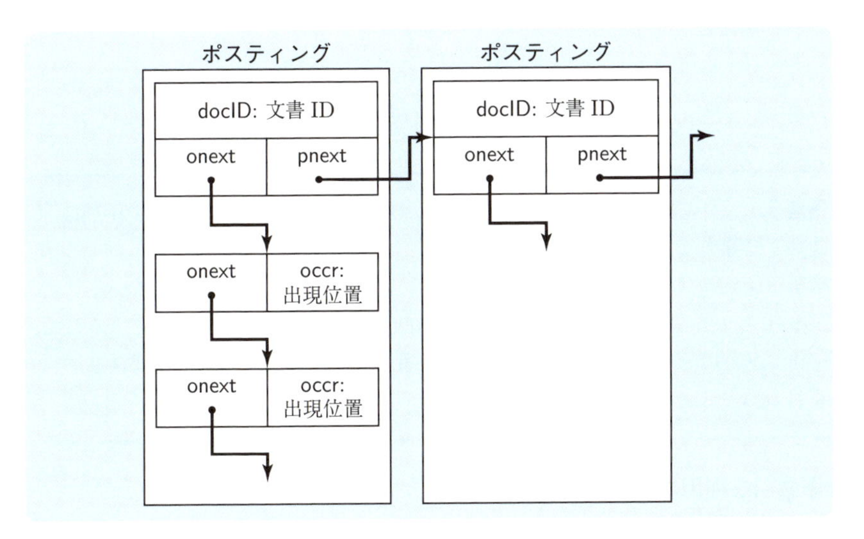

図 5.2　ポスティングリストの構造

例 5.2　GNU General Public License Version 3[6]の文書 ID を 1 とし，New BSD License[8]の文書 ID を 2 としたときの，転置索引の構成例を図 5.3 に示す．この図より，source という語が，文書 1 の 192 番目，312 番目等の語として，および文書 2 の 13 番目および 32 番目の語として現れていることがわかる．　◯

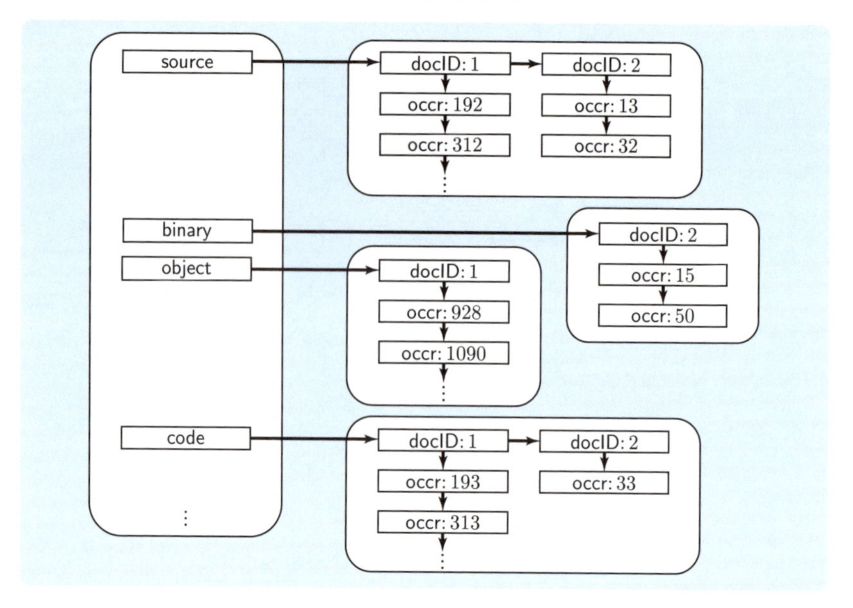

図 5.3　転置索引の例（一部）

例題 5.1　図 5.3 の転置索引から，source 以外のどんな語がどの文書の何番目の語として現れていることがわかるかを答えよ．

解答　binary という語が文書 2 の 15 番目，50 番目の語として現れていること，object という語が文書 1 の 928 番目，1090 番目等の語として現れていること，code という語が文書 1 の 193 番目，313 番目等の語として，および文書 2 の 33 番目の語として現れていることがわかる．

転置索引を利用した検索処理

ブーリアン検索モデルでは転置索引をどのように用いて問合せ処理をするのかを見ていこう．まず，問合せが単一の検索語 w のみである場合を考える．検索システムは w を辞書の中から見付け，w のポスティングリストにしたがって文書 ID 集合を結果として返せばよい．

問合せ w AND x の処理方法を Algorithm 5.1 に示す．ポスティングリスト内では，文書 ID に基づいてポスティングが整列されていることを利用していることに注意しよう．

Algorithm 5.1　w AND x の処理

Input: 問合せ w AND x
Output: w と x の両方を含むすべての文書 ID
// p_w と p_x はポスティングへのポインタ
p_w := (w のポスティングリストの先頭);
p_x := (x のポスティングリストの先頭);
while p_w も p_x も null ではない **do**
　　if p_w.docID $<$ p_x.docID **then**
　　　　p_w := p_w.pnext;
　　else if p_w.docID $>$ p_x.docID **then**
　　　　p_x := p_x.pnext;
　　else // p_w.docID $=$ p_x.docID
　　　　p_w.docID を出力;
　　　　p_w := p_w.pnext;
　　　　p_x := p_x.pnext;
end

問 5.1　実用上，NOT 演算の結果は他の演算への入力として用いられることがほとんどである．Algorithm 5.1 を修正して w AND (NOT x) の処理方法を記述してみよ．また，w OR x の処理方法も記述してみよ．　○

コラム　Algorithm 5.1 の出力処理部分を修正し，ポスティングリストと同じデータ構造（ただし文書内での出現位置情報は不要）を返すようにすれば，この出力を他の任意の演算への入力としてさらに処理することが可能となる．　○

フレーズ検索

多くの検索エンジンでは，“software license” のように複数の検索語を二重引用符で囲んで入力すると，software の直後に license が現れる文書だけが出力される．このような検索を**フレーズ検索**（phrase search）と呼ぶ．問合せ “software license” に対する結果は明らかに software AND license の部分集合である．したがって，フレーズ検索 “w x” の処理を行うアルゴリズムは，Algorithm 5.1 において無条件に「p_w.docID を出力」を行っている箇所を，フレーズ “w

x" が存在するときに出力するように変更することで得られる．Algorithm 5.2 に，フレーズ "$w\ x$" の存在チェックを行うアルゴリズムを示す．

Algorithm 5.2 フレーズ "$w\ x$" の存在チェック

Input: w のポスティングへのポインタ p_w と，x のポスティングへのポインタ p_x．ただし p_w.docID $= p_x$.docID を満たす．

Output: その文書がフレーズ "$w\ x$" を含むときに YES，含まないときに NO．

```
o_w := p_w.onext;
o_x := p_x.onext;
while o_w も o_x も null ではない do
    if o_w.occr = o_x.occr − 1 then
        YES を出力して終了;
    else
        if o_w.occr < o_x.occr − 1 then o_w := o_w.onext else o_x := o_x.onext;
    end
end
NO を出力;
```

問 5.2 図 5.3 の転置索引を用いて GNU General Public License Version 3 や New BSD License に "source code" や "binary code" などのフレーズ検索を行うと，どのような結果が得られるか考えてみよ． ○

文書粒度の選択

オペレーティングシステム（OS）における 1 ファイルを情報検索における 1 文書に対応付けるのがいつも適切とは限らない．たとえば，添付ファイルを含むメールは，OS の上ではしばしば 1 ファイルとして管理されるが，情報検索においてはメール本文と添付ファイルを異なる文書として扱いたい場合があるだろう．逆に，仕様書やマニュアルなどの文書をウェブで公開する場合，章や節ごとに異なるウェブページ（HTML ファイル）を用意することも多い．文書粒度の選択，すなわち，どの単位のデータを 1 文書とみなすかの選択は，検索の品質に影響を与えることが知られている．

例題 5.2 文書の粒度を細かくすると，一般に適合率や再現率はどうなるだろうか．

解答 文書粒度が細かくなると，文書内の語数が減って検索語を含みづらくなるため，検索結果になりづらくなる．情報要求に関連がない文書が検索結果となりづらくなるため，一般に適合率は上がる．一方，情報要求に関連がある文書も検索結果となりづらくなるため，一般に再現率は下がる．

語の選択

検索対象の文書は何万あるいは何億という数にのぼるため，転置索引は，検索対象の文書から自動的に構成できる必要がある．索引語も，検索対象の文書から自動的に抽出できる技術が必要である．ここでは，索引語として何をどのように抽出すべきかを，英語の文書を対象にして考えてみよう．

英語の場合，単語の切れ目には空白文字が存在するので，文書から単語を自動的に抽出すること自体は難しくない．しかし，すでに述べたとおり，New York のように複数の単語で 1 つの特別な意味をなすものは，それらの単語をまとめて 1 つの索引語として抽出する必要がある．逆に，can't のような短縮形は can と not に分けて抽出すべきであろう．

表記上は異なるが同じ語であるケースも多数存在する．それらを同一の索引語としてまとめて登録すべきである．そのようなケースが存在する原因は，大文字小文字の違いや，動詞の活用形，名詞の複数形などによる．日付や時刻についても同様のケースが存在する．一方で，たとえば固有名詞 Windows と一般名詞 window のように，大文字小文字の違いや単数複数の違いを吸収すべきではない場合もある．

コラム かつては，a, and, be などといった，多くの文書に頻繁に登場する語を，索引語の候補から除外していた．これらの語を**不要語**（stop word）と呼ぶ．不要語を除外することにより，転置索引のサイズを小さくできるため，検索処理の高速化を図ることができるが，フレーズ検索の品質を大きく下げてしまう原因にもなっていた．近年は転置索引の圧縮技術の発展などにより，あらゆる語を索引語にする方向にある． ○

コラム 日本語の文書の場合，単語が空白文字で区切られていないため，形態素解析という処理により単語を切り出す処理が必要である．さらに，同じ語がひらがな，カタカナ，漢字など異なる表記で表される場合が非常に多く存在するため，これら表記の違いを吸収して検索するしくみも必要である． ○

5.2 ランクあり検索

ランクあり検索モデルでは，文書と問合せの間の関連度合いに基づき，問合せ結果の文書がランク付けされる．本書では問合せとして検索語のリストが与えられる場合を考える．

関連度合いはどのように定義されるべきだろうか．まず，問合せとして与えられた検索語がより多く，何度も現れる文書ほど関連度合いが高いと考えるべきであろう（検索語の出現頻度に基づくランク付け）．また，それらの検索語がより近い位置に現れる文書ほど関連度合いが高いと考えるべきであろう（検索語の出現位置の近さに基づくランク付け）．

例 5.3 (software, license) という問合せ q と，ほぼ同じサイズの 3 つの文書 A，B，C を考える（図 5.4）．文書 A には software と license という検索語がいずれも 5 回ずつ現れており，文書 B や C にはそれらが 1 回ずつしか現れていない．この場合，文書 B や C より文書 A のほうが問合せ q との関連度合いが高いといえるだろう．また，文書 B では software と license という語が隣り合って現れているのに対し，文書 C ではそれらが大きく離れて現れている．この場合，文書 C より文書 B のほうが問合せ q との関連度合いが高いと考えるべきであろう． ○

検索語の出現頻度に基づくランク付け

まず，問合せとして与えられた検索語が文書に現れる頻度に基づくランク付け手法として，ベクトル空間モデルに基づく手法を紹介しよう．

ベクトル空間モデル（vector space model）では，あらゆる文書や問合せを，共通のベクトル空間上のベクトルとしてモデル化する（どのようなベクトル空間を考えるかは後述する）．文書と問合せの間の関連度合いは，ベクトル間の類似度によりモデル化される．ベクトル間の類似指標としてよく用いられるのが**コサイン類似度**（cosine similarity）である．文書 d と問合せ q のベクトル表現としてそれぞれ $\boldsymbol{d}$ と $\boldsymbol{q}$ が得られたとすると，そのコサイン類似度は以下の式で与えられる．

$$\mathrm{sim}(\boldsymbol{q}, \boldsymbol{d}) = \frac{\boldsymbol{q} \cdot \boldsymbol{d}}{|\boldsymbol{q}| \cdot |\boldsymbol{d}|} \tag{5.1}$$

ここで $\boldsymbol{q} \cdot \boldsymbol{d}$ はこれら 2 ベクトルの内積であり，$|\boldsymbol{q}|$ や $|\boldsymbol{d}|$ はベクトル $\boldsymbol{q}$ や $\boldsymbol{d}$

の大きさを表す．ベクトル空間上でこれらの 2 ベクトルがなす角度を θ とすると，$\mathrm{sim}(\boldsymbol{q}, \boldsymbol{d})$ は $\cos\theta$ と等しい．したがって，$\boldsymbol{d}$ と $\boldsymbol{q}$ の向きが等しいときに $\mathrm{sim}(\boldsymbol{q}, \boldsymbol{d})$ は最大値 1 をとる．

では，どのようなベクトル空間を用いるのがよいだろうか．ここでは，各次元を各索引語に対応させることにし，各次元のスケールとして何を採用するのがよいか考えてみよう．

まずはシンプルに，索引語頻度を採用することを考える．**索引語頻度**（term frequency, tf）とは，索引語 w が文書（あるいは問合せ）d に現れる回数であり，本書では $\mathrm{tf}(w, d)$ と書く．

例 5.4　図 5.4 の文書 A，B，C と，問合せ q =(software, license) について，索引語頻度は以下のようになる．

- $\mathrm{tf}(\mathrm{software}, A) = 5$, $\mathrm{tf}(\mathrm{license}, A) = 5$
- $\mathrm{tf}(\mathrm{software}, B) = 1$, $\mathrm{tf}(\mathrm{license}, B) = 1$
- $\mathrm{tf}(\mathrm{software}, C) = 1$, $\mathrm{tf}(\mathrm{license}, C) = 1$
- $\mathrm{tf}(\mathrm{software}, q) = 1$, $\mathrm{tf}(\mathrm{license}, q) = 1$

これをもとにコサイン類似度を求めると以下のようになる．

$$\mathrm{sim}(\boldsymbol{q}, \boldsymbol{A}) = \frac{10}{|\boldsymbol{q}| \cdot |\boldsymbol{A}|}, \quad \mathrm{sim}(\boldsymbol{q}, \boldsymbol{B}) = \frac{2}{|\boldsymbol{q}| \cdot |\boldsymbol{B}|}, \quad \mathrm{sim}(\boldsymbol{q}, \boldsymbol{C}) = \frac{2}{|\boldsymbol{q}| \cdot |\boldsymbol{C}|}.$$

したがって，文書サイズ $|\boldsymbol{A}|$, $|\boldsymbol{B}|$, $|\boldsymbol{C}|$ がほぼ等しいならば，文書 B や C よりも文書 A に高いランクが与えられる．　○

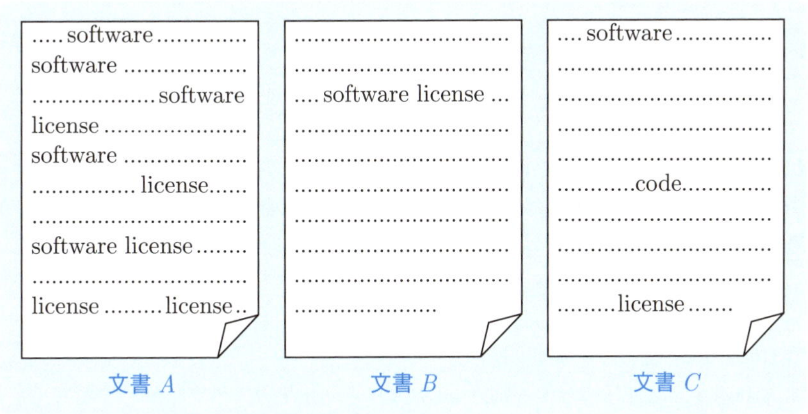

図 5.4　文書 A，B，C

ブーリアン検索モデルにおける AND 検索では，検索結果として返ってくるのは検索語すべてを含む文書のみであった．しかし，コサイン類似度によるランク付けを用いれば，検索語のうちのいくつかを含まない文書であっても，高いランクが与えられる場合がある．

例題 5.3　問合せ q' =(software, license, code) について考える．図 5.4 の文書 A, B, C それぞれについて，q' とのコサイン類似度を求め，どの文書に最も高いランクが与えられるか答えよ．なお，検索語 code は，文書 A, B には出現しておらず，C に 1 度だけ出現しているものとする．

解答　$\mathrm{tf}(\mathrm{code}, A) = 0$, $\mathrm{tf}(\mathrm{code}, B) = 0$, $\mathrm{tf}(\mathrm{code}, C) = 1$, $\mathrm{tf}(\mathrm{code}, q') = 1$ である．上の例とこれらをもとにコサイン類似度を求めると以下のようになる．

$$\mathrm{sim}(\boldsymbol{q}', \boldsymbol{A}) = \frac{10}{|\boldsymbol{q}'| \cdot |\boldsymbol{A}|}, \quad \mathrm{sim}(\boldsymbol{q}', \boldsymbol{B}) = \frac{2}{|\boldsymbol{q}'| \cdot |\boldsymbol{B}|}, \quad \mathrm{sim}(\boldsymbol{q}', \boldsymbol{C}) = \frac{3}{|\boldsymbol{q}'| \cdot |\boldsymbol{C}|}.$$

したがって，文書 A は code という検索語を含んでいないが，最も高いランクが与えられる．

このベクトル空間を採用すると，次元数は辞書中の索引語数と等しくなるため，何万次元ものベクトルを扱うことになる．しかし，コサイン類似度を計算する上で，この点はそれほど問題とならない．なぜなら，問合せ q はせいぜい数語〜十数語からなるため，ベクトル $\boldsymbol{q}$ のほとんどの成分値は 0 であるからである．さらに，文書 d を表すベクトルのサイズ $|\boldsymbol{d}|$ は問合せとは独立であるので，前もって計算をしておくことができる．

では, 各次元のスケールとして索引語頻度を用いることの弱点を考えてみよう．

例 5.5　情報科学に関する 100 個の文書に対して，問合せ q =(software, license) を処理することを考える．それら 100 文書のうち，software という語が現れるのは 90 文書あり，license という語が現れるのは 5 文書だけだったとする．ここで，以下のような文書 D, E を考える．

- $\mathrm{tf}(\mathrm{software}, D) = 10$, $\mathrm{tf}(\mathrm{license}, D) = 1$
- $\mathrm{tf}(\mathrm{software}, E) = 1$, $\mathrm{tf}(\mathrm{license}, E) = 10$

$|\boldsymbol{D}|$ と $|\boldsymbol{E}|$ がほぼ等しいとすると，$\mathrm{sim}(\boldsymbol{q}, \boldsymbol{D})$ と $\mathrm{sim}(\boldsymbol{q}, \boldsymbol{E})$ もほぼ等しくなる．しかし，検索対象の 100 文書において，software という語はありふれており，license と

いう語は稀少であるという点を考慮すると，文書 D より文書 E に上位のランクを与えるのが適切と考えられる． ○

上の例からわかるように，ありふれた語の出現回数と稀少な語の出現回数が同じ「重み」をもつと考えるのは必ずしも適切ではない．そこで，各次元のスケールとして，索引語頻度に異なる重みを与えたベクトル空間を考える．

さて，重みはどのように定義するのがよいだろうか．上の議論より，ありふれた語ほど重みが低くなるようにすべきであろう．ありふれているかどうかを表す指標として，索引語 w を含む文書の個数である**文書頻度**（document frequency, df）が考えられる．そこで，以下の式で定義される**逆文書頻度**（inverse document frequency, idf）を重みとして与えてやることにしよう．

$$\mathrm{idf}(w) = \log \frac{N}{\mathrm{df}(w)}$$

ここで N は文書の総数である．このように定義されたスケールを **tf-idf** という．すなわち，

$$\text{tf-idf}(w,d) = \mathrm{tf}(w,d) \cdot \mathrm{idf}(w) = \mathrm{tf}(w,d) \cdot \log \frac{N}{\mathrm{df}(w)}$$

である．

例 5.6 上の例の文書 D，E について，対数の底を 2 とすると，idf は以下のようになる．

- $\mathrm{idf}(\mathrm{software}) = \log(100/90) = 0.15$
- $\mathrm{idf}(\mathrm{license}) = \log(100/5) = 4.32$

よって，tf-idf は以下のようになる．

- $\text{tf-idf}(\mathrm{software}, D) = 10 \times 0.15 = 1.5$,
- $\text{tf-idf}(\mathrm{license}, D) = 1 \times 4.32 = 4.32$,
- $\text{tf-idf}(\mathrm{software}, E) = 1 \times 0.15 = 0.15$,
- $\text{tf-idf}(\mathrm{license}, E) = 10 \times 4.32 = 43.2$

これをもとにコサイン類似度を求めると以下のようになる．

$$\mathrm{sim}(\boldsymbol{q}, \boldsymbol{D}) = \frac{5.82}{|\boldsymbol{q}| \cdot |\boldsymbol{D}|}, \qquad \mathrm{sim}(\boldsymbol{q}, \boldsymbol{E}) = \frac{43.35}{|\boldsymbol{q}| \cdot |\boldsymbol{E}|}$$

$|\boldsymbol{D}|$ と $|\boldsymbol{E}|$ がほぼ等しいとすると，文書 E のほうにより上位のランクが与えられる． ○

コラム $\mathrm{idf}(w)$ は，索引語 w がもつ情報量を表している．ランダムに選んだ1つの文書が語 w を含む確率を $p(w)$ と書くと，

$$\mathrm{idf}(w) = \log \frac{N}{\mathrm{df}(w)} = -\log \frac{\mathrm{df}(w)}{N} = -\log p(w)$$

である．これは，確率 $p(w)$ で発生する事象がもつ情報量に他ならない．したがって tf-idf は，索引語頻度を，さらにその語がもつ情報量で重み付けしたものと捉えることができる． ○

コラム 問合せのスケールとして tf-idf を用い，文書のスケールとして索引語頻度を用いることもある．実用的な場面において，問合せ中に繰り返し同じ語を指定することはほとんどない．つまり，問合せ q に現れる語 w の索引語頻度 $\mathrm{tf}(w, q)$ は1である．したがって，ベクトル $\boldsymbol{q}$ の語 w に対応する成分の値は $\mathrm{idf}(w)$ に等しくなる．このことを用いて，コサイン類似度の定義式 (5.1) を整理すると，以下のようになる．

$$\mathrm{sim}(\boldsymbol{q}, \boldsymbol{d}) = \frac{\boldsymbol{q} \cdot \boldsymbol{d}}{|\boldsymbol{q}| \cdot |\boldsymbol{d}|} = \frac{\sum_w \mathrm{idf}(w) \cdot \mathrm{tf}(w, d)}{|\boldsymbol{q}| \cdot |\boldsymbol{d}|}$$

すなわち，このようなスケールのもとでのコサイン類似度に基づくランク付けは，文書 d に現れる検索語の tf-idf 値の総和によるランク付けに相当する． ○

検索語の出現位置の近さに基づくランク付け

これまで述べてきたランク付け手法では，検索語の出現位置をまったく考慮していないため，たとえば図5.4の文書 B を C よりも高くランク付けすることができない．ここでは，被覆という概念に基づき，文書内での検索語の出現位置の近さも考慮してランク付けする手法を紹介する．

文書中の語の位置の対 (u, v) に問合せ q 中のすべての語が現れ，かつどんな (u', v') $(u < u',\ v' < v)$ も q 中のすべての語を含むことがないとき，(u, v) は q の**被覆**（cover）であるという．

例 5.7 図5.5に，New BSD License の22語目から68語目までを示す．各単語の下に青字で書かれた整数値が，その語の位置である．問合せ q を (copyright, disclaimer) とすると，q の被覆は $(30, 39)$，$(39, 48)$，$(48, 57)$ の3つである． ○

問 5.3 2語からなる問合せ $q = (w, x)$ と文書 d に対し，ポスティングを利用して d における q の被覆を求めるアルゴリズムを記述してみよ． ○

....

Redistributions of source code must retain the above copyright
22 23 24 25 26 27 28 29 30

notice, this list of conditions and the following disclaimer.
31 32 33 34 35 36 37 38 39

Redistributions in binary form must reproduce the above copyright
40 41 42 43 44 45 46 47 48

notice, this list of conditions and the following disclaimer in the
49 50 51 52 53 54 55 56 57 58 59

documentation and/or other materials provided with the distribution.
60 61 62 63 64 65 66 67 68

....

図 5.5 New BSD License の一部

被覆 (u, v) に対し，$v - u + 1$ をその被覆のサイズと定義する．サイズが小さい被覆がたくさんある文書ほど，ランクが高くなるべきであろう．たとえば以下のようなスコアに基づくランク付けが考えられる．

$$\mathrm{score}(q, d) = \sum_{(u,v):\ q\text{ の被覆}} \frac{1}{v - u + 1} \tag{5.2}$$

5.3 ウェブ検索

ランクあり検索の重要な応用先の1つである，ウェブ検索について考えてみよう．

ワールドワイドウェブを対象として情報検索を行うときに，考慮しなければいけない点がいくつかある．まず，ウェブには膨大な数のページが存在するという点である．これは，検索結果がしばしば膨大な文書数になることを意味している．ユーザが確認できるのは検索結果のうちのごく一部（ランク上位の文書）だけであるため，適合率を重視したランク付け，すなわち，情報要求に関連がない文書が高いランクとならないことを優先したランク付けが望ましい．次に，これらウェブページの品質は一定ではないという点である．したがって，ウェブページの品質の高低が文書のランクの高低に反映されるようなランク付けが望ましい．そして，これらウェブページの内容は常に変化しているという点である．したがって，定期的かつ自動的に，ウェブページの内容を取得する技術が必要になる．

ウェブページのランク付け

ウェブに特徴的で重要な特性として，ウェブページ間にはリンク構造があるという点に注目しよう．リンクの情報を用いることにより，ウェブページの品質が反映されたランク付けを行うことができ，結果的に適合率を向上させることができる．ここでは PageRank と呼ばれる有名なアルゴリズムを紹介しよう．

まず，ワールドワイドウェブを以下のような有向グラフとして考える．各ウェブページはグラフの頂点に対応する．ウェブページから別のウェブページへのリンクは，対応する頂点間の有向辺で表す．このような有向グラフを**ウェブグラフ**（web graph）と呼ぶ．

図 5.6 に，4 つのウェブページからなるウェブグラフの例を示す．図中の`<a href="`*file*`">`*text*`</a>`はリンク構造を指定するための HTML 構文である．この構文により，ウェブページ中の *text* の部分から *file* へのリンクが張られる．*text* 部分の語句や文章を**アンカーテキスト**（anchor text）と呼ぶ．

さて，ウェブページ間のリンク構造から，ウェブページの品質についてどんなことがわかるだろうか．たとえば図 5.6 では，w_1 から w_2 へのリンクが張ら

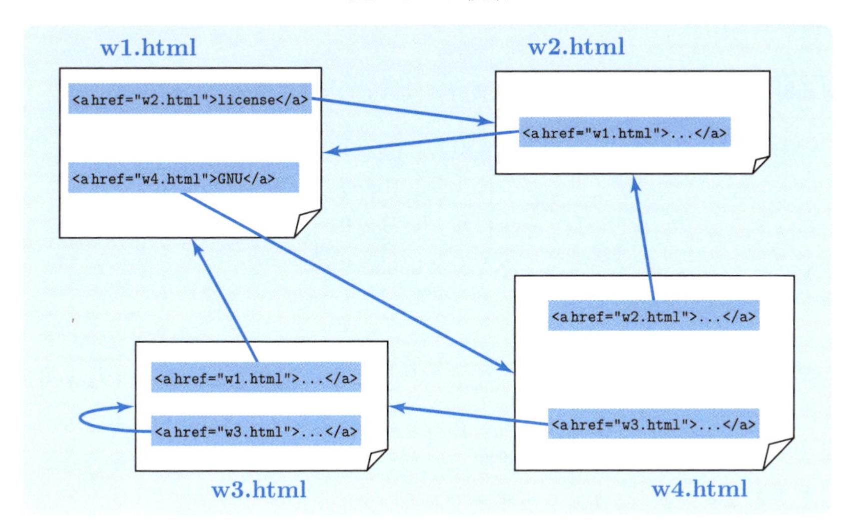

図 5.6　ウェブグラフ

れている．このリンクが存在するのは，w_1 の著者や管理者が，w_2 の品質を認めているからだと考えられる．この考え方を突き詰めると，「他のページからたくさんリンクが張られているページは品質が高い」と推定できることになる．ただし，単純にリンク数だけで品質をランク付けするのではなく，リンク元のページの品質も考慮したランク付けにすべきであろう．

PageRank アルゴリズムは，多数のユーザがウェブグラフを無作為にたどり続けたとき，各ページにつきどれくらいのユーザがそのページを閲覧中となるかを求め，そのユーザ数の多さに基づいてページをランク付けするアルゴリズムである．したがって，他のページからたくさんリンクが張られているページほど，そのページに移動してくるユーザが多くなり，ランク付けが高くなる．また，ランク付けが高いページからリンクが張られているページも，そのページに移動してくるユーザが多くなり，ランク付けが高くなる．

以下，形式的に説明しよう．全ウェブページ数を N とし，ウェブグラフの隣接行列を A とする．ウェブグラフの**隣接行列** (adjacent matrix) A とは，ウェブページ w_i からウェブページ w_j へのリンクがあるとき A の i 行 j 列成分 a_{ij} $(1 \leq i, j \leq N)$ が 1 であり，リンクがないとき a_{ij} が 0 であるような $N \times N$

行列である．

例 5.8 図5.6のウェブグラフの隣接行列は以下のようになる．

$$A = \begin{pmatrix} 0 & 1 & 0 & 1 \\ 1 & 0 & 0 & 0 \\ 1 & 0 & 1 & 0 \\ 0 & 1 & 1 & 0 \end{pmatrix}$$

○

隣接行列 A から，確率遷移行列 P を次のように定義する．P の i 行 j 列成分を p_{ij}（$1 \leq i, j \leq N$）と表すと，$p_{ij} = a_{ij} / \sum_k a_{ik}$ である．つまり，p_{ij} は，ページ w_i を閲覧しているユーザが，w_i から張られているリンクを無作為に選んだ結果ページ w_j に移動する確率である．

例 5.9 図5.6のウェブグラフの確率遷移行列は以下のようになる．

$$P = \begin{pmatrix} 0 & 1/2 & 0 & 1/2 \\ 1 & 0 & 0 & 0 \\ 1/2 & 0 & 1/2 & 0 \\ 0 & 1/2 & 1/2 & 0 \end{pmatrix}$$

○

例 5.10 図5.6のウェブグラフを考える．w_1 を閲覧中のユーザが16人おり，w_2，w_3，w_4 を閲覧中のユーザは0人だとしよう．次の時刻で（すなわち全ユーザが1回ずつページを移動したのち）の，各ページを閲覧中のユーザ数の期待値は次式で求められる．

$$\begin{pmatrix} 16 & 0 & 0 & 0 \end{pmatrix} P = \begin{pmatrix} 0 & 8 & 0 & 8 \end{pmatrix}$$

すなわち，w_2 と w_4 を閲覧中のユーザは8人ずつであり，w_1 と w_3 を閲覧中のユーザは0人である．

さらに次の時刻について求めると以下のようになる．

$$\begin{pmatrix} 0 & 8 & 0 & 8 \end{pmatrix} P = \begin{pmatrix} 8 & 4 & 4 & 0 \end{pmatrix}$$

すなわち，w_1 を閲覧中のユーザは8人であり，w_2 と w_3 を閲覧中のユーザは4人ずつであり，w_4 を閲覧中のユーザは0人である． ○

ではいよいよ PageRank アルゴリズムの形式的説明に移ろう．PageRank アルゴリズムの目的は，以下の条件を満たす $\boldsymbol{x} = (\ x_1 \quad x_2 \quad \cdots \quad x_N\ )$ を求めることである．

$$\boldsymbol{x}P = \boldsymbol{x} \tag{5.3}$$

つまり，各ページについて出て行くユーザ数とやってくるユーザ数との釣り合いがとれるような，ページ閲覧ユーザ数の分布を求めることが目的である．そして $x_i > x_j$ ならば，ページ w_i を w_j より上にランク付けする．なお，式 (5.3) を満たす $\boldsymbol{x}$ のうち，成分の総和 $\sum_i x_i$ が 1 と等しいものを，**定常分布**（stationary distribution）と呼ぶ．

例題 5.4　図 5.6 のウェブグラフについて，$\boldsymbol{x} = (\ 4 \quad 3 \quad 2 \quad 2\ )$ が式 (5.3) を満たすことを確かめよ．このとき，ウェブページ $w_1, \ldots, w_4$ のランク付けはどのようになるか答えよ．また，定常分布を求めよ．

解答　ランク付けは，1 位が w_1，2 位が w_2，3 位が w_3 と w_4 となる．定常分布は $\frac{1}{11}(\ 4 \quad 3 \quad 2 \quad 2\ )$ である．

PageRank アルゴリズムにおけるランク付けの基本アイディアは以上のとおりである．しかし，このままだと，他ページへのリンクがないページは，そこに留まったままのユーザが多くなってしまう．つまり，他ページへのリンクを張らないほうが高いランキングを得られることになり，好ましくない．そこで PageRank アルゴリズムでは，一定確率 α（$0 < \alpha < 1$）でウェブ上の任意のページに「瞬間移動」するような確率遷移行列 P' を用いている．すなわち，P' は以下のように定義される確率遷移行列である．

$$P' = (1-\alpha)P + \alpha \begin{pmatrix} 1/N & \cdots & 1/N \\ \vdots & \ddots & \vdots \\ 1/N & \cdots & 1/N \end{pmatrix}$$

この「瞬間移動」は，現実的な場面においては，ブラウザに URL を直接打ち込んでページを移動することに相当するといえよう．

コラム PageRank アルゴリズムは，ウェブグラフを斉時的な（時刻に依存しない）**有限マルコフ連鎖**（finite Markov chain）とみなし，その定常分布を求めるアルゴリズムであるといえる．斉時的な有限マルコフ連鎖が**既約性**（irreducibility）という性質をもっていれば，その定常分布は一意に定まることが知られている．ここで既約性とは，直観的には，どのページからどのページへもいずれは遷移できることをいう．一般にウェブグラフが既約性をもつとは限らないが，瞬間移動の確率を正とおくことで既約性をもたせることができる．これにより，PageRank の目的である定常分布の一意性が保証される． ◯

さて，もう一度式 (5.3) に立ち返り，この式を満たす $\boldsymbol{x}$ をどのように求めるかを考えてみよう．式 (5.3) は，単位行列 I を用いて

$$\boldsymbol{x}P = \boldsymbol{x}I$$

と書ける．移項して整理すると，

$$\boldsymbol{x}(P - I) = \boldsymbol{0} \tag{5.4}$$

が得られる．ここで $\boldsymbol{0}$ は零ベクトルである．式 (5.4) は $x_1, \ldots, x_N$ に関する連立一次方程式であるから，それを解くことで $\boldsymbol{x}$ が求まる．ただし，式 (5.4) には定数項が現れないため，$\boldsymbol{x}$ は一意には定まらない．

問 5.4 図 5.6 のウェブグラフについて，式 (5.4) に基づいて連立一次方程式を立てよ．さらに $x_1 = 4$ としてその連立一次方程式を解き，$\boldsymbol{x} = (\ 4 \quad 3 \quad 2 \quad 2\ )$ が得られることを確かめよ． ◯

このように，連立一次方程式を解くことで $\boldsymbol{x}$ は求まるが，$\boldsymbol{x}$ の次元 N がウェブページの総数であることを考えると，現実的な求解法であるとは言い難い．そもそも，最終的に必要なのは $\boldsymbol{x}$ の成分の大小関係だけであるため，$\boldsymbol{x}$ を正確に求める必要はない．そこで PageRank アルゴリズムは，適当に選んだベクトル $\boldsymbol{\pi}_0$ と十分大きな k に対して

$$\boldsymbol{\pi}_0 P^k \tag{5.5}$$

を求め，その結果によりランク付けを行う．

問 5.5 例 5.10 の計算をさらに続けて，その結果が $\boldsymbol{x} = (\ 4 \quad 3 \quad 2 \quad 2\ )$ と平行なベクトルに近づくことを確認せよ． ◯

なお，適当に選んだ $\boldsymbol{\pi}_0$（ただし全成分の和は 1 に等しいとする）に対して，以下で定義される $\boldsymbol{\pi}$ が存在するとき，$\boldsymbol{\pi}$ を**極限分布**（limiting distribution）という．

$$\boldsymbol{\pi} = \lim_{k \to \infty} \boldsymbol{\pi}_0 P^k$$

上で述べた PageRank アルゴリズムの動作は，極限分布の近似解を求めていることに他ならない．

コラム 極限分布は，PageRank の本来の目的であった定常分布とどのような関係にあるのだろうか．実は，既約な斉時的有限マルコフ連鎖が**非周期性**（aperiodicity）という性質をもつとき，最初に選んだ $\boldsymbol{\pi}_0$ に関わらず極限分布が存在し，それは定常分布と一致することが知られている．ここで非周期性とは，直観的には，任意のノード w と十分大きな任意の整数 n について，w を出てからちょうど n 時間後に w に戻ってこられることをいう．一般にウェブグラフが非周期性をもつとは限らないが，確率遷移行列の各成分が正の値であるような有限マルコフ連鎖は既約かつ非周期的となることが知られている．瞬間移動の確率を正とおくことで，この近似計算の正当性が保証されるのである． ○

ウェブページデータの収集

ウェブのリンク構造や各ページにどのような語が含まれているかの情報を自動収集するプログラムを，**クローラ**（crawler）と呼ぶ．出発点となるページが与えられると，クローラは，そのページをダウンロードし，内容を解析して，索引語の登録を行いつつ，そのページから張られているリンク先のページの URL をキューに登録する．作業中のページに対する処理が終わると，クローラは，キューから次のページの URL を取り出し，ダウンロードする．

基本的には，クローラは上の動作を繰り返すように作られるが，構築される索引の品質を高めるためには，以下のような要因に注意してページの収集をしなければならない．

- 収集するページの数の多さ・範囲の広さ
- 収集するページの品質の高さ
- 収集するページの新しさ

たとえば，収集ページの実質的な数を増やすためには，ミラーサイトなどによる類似ページの探索・収集を避ける工夫が必要である．収集ページの品質を高めるためには，PageRankやそれに類した方法により，ページのスコアを見積もれる必要がある．また，同じページを頻繁にダウンロードすることで，そのページの新しさは保証できるが，収集ページ数の多さを達成しづらくなるだけでなく，対象ウェブサーバやネットワークに余計な負荷をかけてしまうことになるため，同じページを再収集するタイミングの調整も難しい問題である．そのため，ページ収集のスケジューリングに関してさまざまなアルゴリズムが研究・提案されている．

演習問題

□ **5.1** 索引語 w, x の出現文書数（すなわち，ポスティングリスト中のポスティングの個数）をそれぞれ N_w, N_x とする．Algorithm 5.1の最悪時間計算量を，N_w と N_x を用いて表せ．

□ **5.2** 索引語 w, x, y の出現文書数 N_w, N_x, N_y が既知であるとする．Algorithm 5.1を2回用いて w AND x AND y の処理をなるべく高速に行うには，どのような戦略をとるのがよいか．

□ **5.3** tf-idfのバリエーションとして，$\mathrm{tf}(w,d)$ よりも以下で定義される $\mathrm{tf}'(w,d)$ のほうがランク付けの性能がよいとされ，よく用いられている．その理由を考えてみよ．

$$\mathrm{tf}'(w,d) = \begin{cases} \log(\mathrm{tf}(w,d)) + 1 & \mathrm{tf}(w,d) > 0 \text{ のとき} \\ 0 & \text{それ以外のとき} \end{cases}$$

□ **5.4** 図5.6のウェブグラフについて，「瞬間移動」の確率 α を変化させたときに定常分布がどのように変化するか調べてみよ．

第6章

発展的話題

本章では，従来のデータベースの教科書では取り上げられていないことも多い，発展的な 3 つの話題を紹介する．

1 つ目は XML である．XML はデータの記述言語であり，データが何を表しているのかをデータ自身に埋め込むことができるという特徴をもつ．そのため，異なるシステムでのデータの交換にしばしば用いられている．6.1 節では，XML によるデータ記述の基礎的事項と，XML で記述されたデータへの問合せについて紹介する．

2 つ目はデータ統合である．あちらこちらに存在する，スキーマは異なるが同種類のデータを，あたかも 1 つのデータベース上のデータとして扱えるようにすることをデータ統合という．6.2 節では，データ統合のアーキテクチャやいくつかの要素技術を紹介する．

3 つ目はプライバシ保護である．近年，プライバシ情報の保護に対する意識が非常に高まっている．6.3 節では，プライバシ情報を含むデータを公開したときの脅威と，その脅威に対する安全性指標を紹介する．

XML
データ統合
プライバシ保護

6.1 XML

4章で触れたように，関係データベースのタプルは，データベース管理システム内ではレコードとして（属性値が格納されたフィールドの並びとして）扱われている．したがって，レコードを見ただけでは，それが何を表すデータなのかがわからない．

例 6.1 2つのレコードからなる次のデータについて考えてみよう．

001	青山ともこ	17
003	内田トオル	33

最後の17や33という値が何を表すデータなのか，これだけではわからないであろう．2章で用いていたスキーマではマイル残高であったが，上のデータは年齢を表しているかもしれない． ○

異なるシステム間で関係データを適切にやりとりするためには，各フィールドが何を表すデータなのかもやりとりする必要がある．やりとりする相手が限定されているときは，各フィールドが何を表すデータなのかのやりとりはあらかじめ行っておくのが効率的であろう．しかし，ウェブ上でのデータのやりとりのように，相手が不特定で多数の場合は，何を表すデータなのかの説明をそのデータ自身に埋め込むほうが扱いやすい．そのようなデータは**自己記述的**（self-describing）データと呼ばれる．

自己記述的なデータを扱う技術はさまざま存在するが，**XML**（Extensible Markup Language）はその代表格の1つである．例6.1のデータをXMLにより自己記述的にした例を図6.1に示す．

`<...>`の形の文字列が目につくが，これらは**タグ**（tag）と呼ばれる．特に，`<name>`のように`<`の次の文字が`/`以外で始まっているタグは開始タグと呼ばれ，`</name>`のように`/`で始まっているタグは終了タグと呼ばれる．また，`mileage_member`や`name`など，開始タグの`<`と`>`の間の文字列はタグ名と呼ばれる．図6.1から容易に想像できるように，XMLでは，データを開始タグと終了タグで囲むことで，そのデータが何を表しているかの説明を埋め込む．`name`タグで囲まれた「青山ともこ」や「内田トオル」は名前であり，`mileage_balance`

```
<mileage_members>
  <mileage_member>
    <membership_number>001</membership_number>
    <name>青山ともこ</name>
    <mileage_balance>17</mileage_balance>
  </mileage_member>
  <mileage_member>
    <membership_number>003</membership_number>
    <name>内田トオル</name>
    <mileage_balance>33</mileage_balance>
  </mileage_member>
</mileage_members>
```

図 6.1　XML 文書の例

タグで囲まれた「17」や「33」はマイレージ残高であることがわかる．そして上のデータ全体は mileage_members タグで囲まれていることから，複数のマイレージ会員を表したデータであることもわかる．

XML で記述されたデータを **XML 文書**（XML document）と呼ぶ．XML 文書であるための決まりごとは，おおまかにいうと以下の 2 点である．

(1)　開始タグと終了タグが正しく入れ子構造になっていなくてはならない．

(2)　図 6.1 の mileage_members のように，データ全体を囲むタグがなければならない．

例 6.2　図 6.2 に示す文書はいずれも構文的に正しい XML 文書ではない．(a) は，開始タグ<ccc>が終了タグ</ddd>によって閉じられており，正しい入れ子構造になって

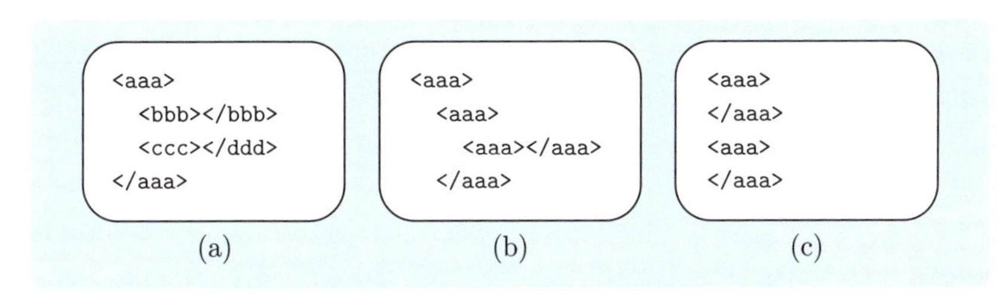

図 6.2　構文的に正しくない XML 文書の例

いない．(b) は，先頭行の開始タグ<aaa>に対応する終了タグが存在しないため，正しい入れ子構造になっていない．(c) は，データ全体を囲むタグが存在していない．あるいは，1行目の開始タグと4行目の終了タグが対応していると解釈すると，2行目と3行目が正しい入れ子構造になっていない． ◯

例 6.3 図 6.3 は新聞記事を XML 文書として記述した例である．この例のように，タグで囲まれたデータと囲まれていないデータが混在していてもよい． ◯

```
<article>
  <caption>××ジャパン初優勝</caption>
  <lead>第○回世界××大会にて日本代表チームが... </lead>
  第○回世界××大会の決勝が 25 日に新国立競技場で行われ，
  日本が 2-0 で△△を破り，悲願の初優勝を遂げた．  ...
</article>
```

図 6.3 新聞記事を XML 文書として記述した例

XML では基本的に上の2点の決まりごとさえ守っていればよく，好きな名前のタグを使って自由に入れ子にさせたデータを記述できる．とはいえ，タグの名前や入れ子構造のさせ方に決まりを設けてそれを公開しておいたほうが，利用する側にとってより便利であることは明らかであろう．実際，さまざまな用途について，XML 文書の構造が決められ，公開されている．XML 文書の構造の記述には，DTD や W3C XML スキーマといった，XML 用のスキーマ記述言語が用いられる．

コラム どんな用途について，XML 文書の構造が決められ公開されているか，有名どころをいくつか紹介しよう．まず，ウェブページ記述用の XHTML がある．HTML 自身，タグによりウェブページの内容を指定する言語であり，XML との類似点は多いが，HTML ではタグが入れ子構造になっていなくてもよい．テレビのデータ放送にも XML が利用されている．この規格は BML と呼ばれ，XHTML をベースに開発されたものである．また，現在ワープロソフトや表計算ソフトで扱われるファイルの多くは，OOXML という規格に従った XML 文書（を圧縮したもの）である．この他にも，ベクター画像ファイル形式である SVG や，数式記述用の MathML などが有名である．◯

XML 文書と木構造

ここからは XML 文書への問合せについて考えていくことにしよう．表形式のデータであれば，属性名を指定したり，タプルが満たすべき条件を指定したりすることで，表データの一部分を取り出すことができる．つまり，対象のデータが表という構造をもつということを利用して，データの特定の部分を取り出せるわけである．では，XML 文書はどのような構造をもっているのだろうか．実は，上で述べた「XML 文書であるための決まりごと」は，「XML 文書は木構造をもつ」ことを意味している．具体的には，開始タグと終了タグの対が木構造の 1 つのノードに対応する．タグが入れ子になっているとき，すぐ内側のタグのノードが外側のタグのノードの子になる．あるノードが複数の子をもつ場合，文書内で現れる順に左から右に子を並べる．タグの対に対応するノードは**エレメントノード**（element node）と呼ばれる．また，テキストデータはそれ自体で 1 つのノードに対応する．このノードは**テキストノード**（text node）と呼ばれる．さらに，文書全体を表す，**ドキュメントノード**（document node）あるいは**ルートノード**（root node）と呼ばれるノードが存在する．ドキュメントノードは木構造の根ノードであり，XML 文書において最も外側のタグに対応するノードの親である．たとえば，図 6.1 の XML 文書がもつ木構造は図 6.4 のようになる．

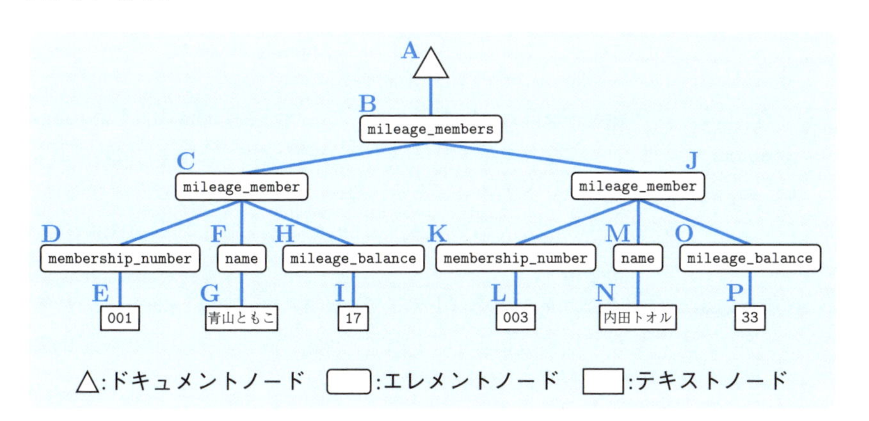

図 6.4 XML 文書がもつ木構造

コラム 本書では触れないが，ノードの種類としては，上で述べた3種類に加え，属性ノード（attribute node），コメントノード（comment node），名前空間ノード（namespace node），処理命令ノード（processing instruction node）の全部で7種類がある． ○

XML 問合せ言語

XML 文書がもつ木構造の頂点集合を指定する問合せ言語として **XPath** がある．XPath 問合せでは，XML 文書をドキュメントノードからどのようにたどるかを記述し，行きついた先の頂点集合が問合せの結果となる．XPath 問合せは，**ロケーションステップ**（location step）と呼ばれる，1ステップ分のたどり方を表す式の系列である．

/ロケーションステップ/···/ロケーションステップ

ロケーションステップは**軸**（axis），**ノードテスト**（node test），0個以上の**述語**（predicate）の3部分からなる，以下の形の式である．

軸::ノードテスト [述語]··· [述語]

軸は，XML 文書を表す木構造をたどる向きを指定する．ノードテストは，たどった先のノード自身が満たすべき条件を指定する．述語も，たどった先のノードが満たすべき条件を指定するが，ノードテストよりも柔軟な指定ができる．

例 6.4 XPath 問合せの意味を，例を用いて説明しよう．

(1) `/child::mileage_members` は，ドキュメントノードの子（`child`）で `mileage_members` というタグに対応するエレメントノードを返す．`child` が軸であり，`mileage_members` がノードテストである．なお，`child` 軸およびそれに続く `::` は省略できる．したがって，`/mileage_members` と書いても同じ意味の問合せになる．

(2) `/child::*` は，ドキュメントノードの子であるすべてのエレメントノードを返す．`*` は，すべてのエレメントノードを返すノードテストである．上の例で述べたように，`/*` と書いても同じ意味の問合せになる．

(3) `/*/mileage_member` は，`/*` に該当するノードの子ノードで `mileage_member` というタグに対応するエレメントノードをすべて返す．

(4) `/*/mileage_member[mileage_balance>=30]` は，`/*/mileage_member` に該当するノードのうち，値が30以上の

mileage_balance を子にもつものをすべて返す．[mileage_balance>=30] の部分が述語である．

(5) /*/mileage_member[mileage_balance>=30]/name は，/*/mileage_member[mileage_balance>=30] に該当するノードの子でname というタグに対応するエレメントノードをすべて返す． ○

例題 6.1 例 6.4 で紹介した問合せを図 6.4 の木構造上で評価したときの結果を，図 6.4 中の記号 A～P を使って答えよ．

解答 (1) {B} (2) {B} (3) {C, J} (4) {J} (5) {M}

コラム 軸には，child の他，self（自分自身），descendant（子孫），descendant-or-self（子孫または自分自身），parent（親），following-sibling（自分より右の兄弟）など，全部で 13 種類がある．また，ノードテストには，タグ名や*の他，ノードの種類を指定する式を書くことができる．たとえば，element() はエレメントノードを，text() はテキストノードを，document-node() はドキュメントノードを指定する式である．また，node() はあらゆる種類のノードを指定する．なお，//という省略記法もしばしば用いられるが，これは/descendant-or-self::node()/と等価である． ○

XPath 問合せを使えば，対象の XML 文書を走査し，条件を満たすノードを得ることができることがわかった．では，それらのノードを使って新たに XML 文書を構成するにはどうすればいいだろうか．そのような目的には **XQuery** という言語が最適である．XQuery は XPath を内包した問合せ言語である．複数の XML 文書を走査し，条件を満たすノードを任意の順序で並べることができる．さらに，任意のタグ名をもつエレメントノードを新規に作成し，その子として走査や新規作成により得られたノードの列を配置することができる．関数を自由に定義し，再帰的に呼び出す機能ももち合わせている，強力な問合せ言語である．

問 6.1 XQuery は FLWOR（フラワー）式という特徴的な構文で知られている．FLWOR 式がどのようなものか調べてみよ． ○

6.2 データ統合

あなたは海外旅行を計画しているとしよう．そして泊まるホテルをインターネットで探しているとする．ホテル予約サービスを提供しているウェブサイトはいくつかあるが，それらのサイトに登録されているホテルはまったく同じというわけではない．そのため，自分の好みに対して最善のホテルを見付けるためには，それらすべてのホテル予約サイトをチェックしなければならない．しかし，このようなチェックを行うのはいささか手間がかかる．特にあなたが，泊まる部屋に関してのこだわりが強かったりするとなおさらである．ホテル予約サイトそれぞれについて，「禁煙」や「バスタブあり」や「1 泊あたりの予算」などの検索オプションを指定しなければならないからである．もし，図 6.5 のように，これらのホテル予約サイトを統合する単一のウェブサイトがあって，その単一のウェブサイト上で一度検索をするだけですべてのホテル予約サイトでの検索結果を得られれば，とても便利であろう．

別の例として，企業の合併を考えてみよう．合併前のそれぞれの企業で管理されていたさまざまなデータは，合併後には統合して管理されることになる．その際，単純に和集合をとるような統合では不十分である．なぜなら，合併前の複数の企業が同じ実体（たとえば同じ顧客）のデータをもっていたとすると，単純な和集合では統合後のデータに冗長性が生じるからである．第 3 章で見たように，データの冗長性は更新時異状の原因となるため，できる限り排除しなければならない．

データ統合（data integration）とは，複数のソース上のデータを単一のサーバ上のデータとして収集し，ソースの違いを意識させることなくデータをユーザに提供する技術である．データ統合のアーキテクチャは，**実体化データ統合**（materialized data integration）と**仮想データ統合**（virtual data integration）に分けられる．実体化データ統合では，すべてのソース上のデータは単一のサーバ上にコピーされる．すなわち，ソースデータは文字通り「収集」される．一方，仮想データ統合では，データのコピーは行われない．ソースのスキーマと，サーバで想定しているスキーマとの対応情報のみが収集される．ソース上のデータへのアクセスが発生するのは，検索によってそのデータへのアクセスが必要に

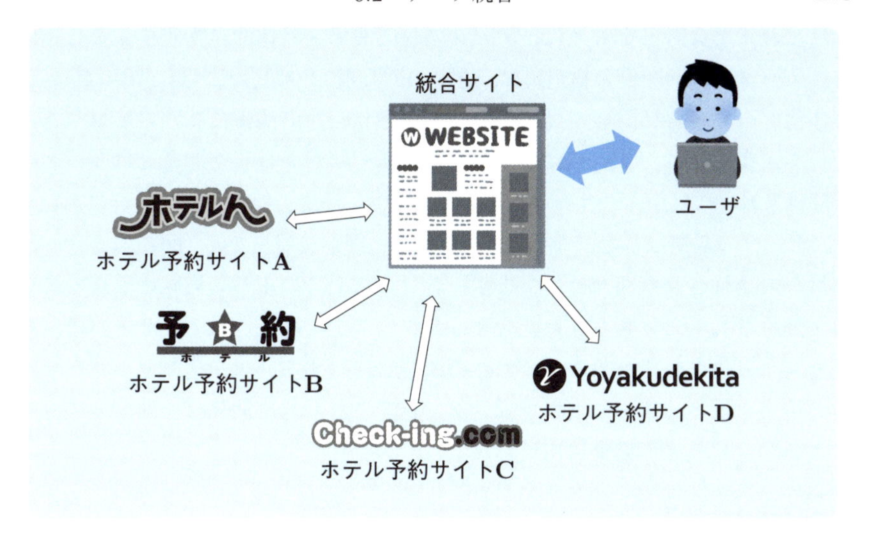

図 6.5　データ統合の例

なったときのみである．

問 6.2　上で述べたホテル予約サイトの統合には，実体化データ統合と仮想データ統合のどちらが向いているだろうか．また，企業合併でのデータ統合にはどちらが向いているだろうか．　○

データ統合の実現

データ統合を実現するためには，スキーママッチングとスキーママッピングという，2 段階の処理が必要である．

スキーママッチング（schema matching）とは，各ソースのスキーマの構成要素と，サーバで想定しているスキーマの構成要素とのおおまかな対応を得ることをいう．スキーママッチングを行うには，スキーマの各構成要素が何を意味するのかを解析しなければならない．この際，たとえば「姓」と「苗字」は同じ意味であるといった，自然言語の意味に関する知識を用いた処理が必要となる．また，情報の粒度の違いにより，対応が一対一にならないこともある．たとえば，あるソースでは「姓」と「名」を分けて扱っているが，統合データでは姓と名を分けずに管理しようとしているかもしれない．

スキーママッピング（schema mapping）とは，スキーママッチングで得られたおおまかな対応をもとに，データの対応関係を具体的に指定することをいう．データの対応関係の指定には，通常，SQLなどの問合せ言語が用いられる．実体化データ統合においては，ここで指定された対応関係に基づいてソースのデータが変換され，サーバに蓄えられる．ユーザが発行した問合せはサーバ上で評価され，結果がユーザに返される（図6.6）．一方，仮想データ統合においては，データの変換は行われない分，問合せの処理が複雑になる（図6.7）．サーバに対して発行された問合せは，まず，各ソース上での正しい意味の問合せに変換・分解される．分解された問合せは各ソース上で評価される．サーバは，各ソースから返された結果から，もとの問合せに対する結果を構築し，ユーザにその結果を返す．スキーママッピングで指定された対応関係は，問合せの分解および問合せ結果の構築に用いられる．

データマッチング

上の企業合併の例でも述べたように，異なるソース上に同じ実体を表すデータが存在する場合がある．統合されたデータの品質を高めるためには，同じ実体を表すデータの同定処理が必要である．この処理を**データマッチング**（data matching）という．

例として，人物のデータマッチングを考えよう．マイナンバーのように，あらゆるソースに共通のIDが人物データのキー属性として使われていれば，データマッチングは非常に容易である．すなわち，そのIDが等しい人物データは同じ人物のデータであり，IDが異なれば違う人物のデータであると判断できる．では，そのようなIDがない場合はどうだろうか．人名データを文字列とみなし，人名データの文字列としての等価性で人物の同定を行おうとすると，うまくいかないであろう．なぜなら，同姓同名の異なる人は世の中に大勢おり，逆に同一人物でも結婚等によって姓が変わる人もたくさんいるからである．生年月日や住所のデータも込みにしてマッチングをとることが有効に思えるが，ここにも難しさがある．たとえば「2001年2月3日」と「February 3, 2001」や，「○×町1丁目2番3号△△ハイツ405」と「○× 1-2-3-405」のように，同じ日付や住所を表す異なる文字列の組合せが無数に存在するからである．

このように，データマッチングは，データの単純な等価性を基にしていてはうまくいかないため，さまざまなアプローチがとられる．ここでは，それらの

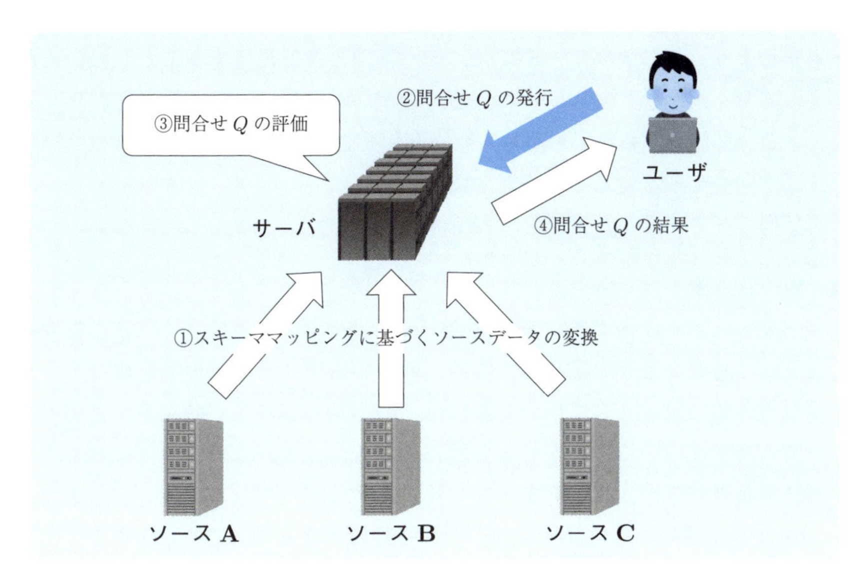

図 6.6　実体化データ統合

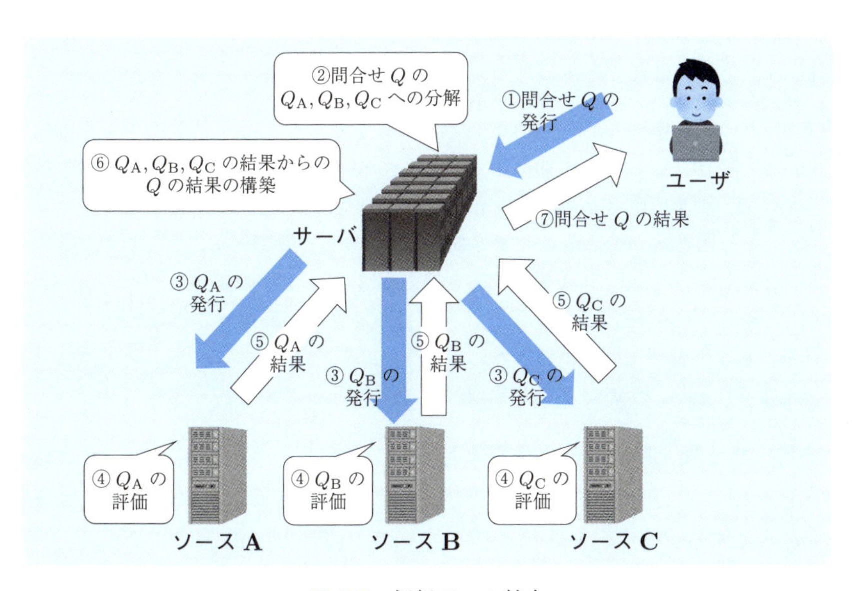

図 6.7　仮想データ統合

中でも最もシンプルな，**類似尺度**（similarity measure）に基づくアプローチを紹介しよう．このアプローチでは，データ間の類似尺度をあらかじめいくつか決めておく．そして，与えられた2つのデータに対し，各類似尺度が与えるスコアの合計値があらかじめ決められた閾値を超える（似ている度合いが強い）ならば，同じデータであると判断する．

文字列データの類似尺度を2つ紹介する．

編集距離

データ x とデータ y の間の**編集距離**（edit distance）とは，x を y に書き換えるために必要な最小の操作数である．似ているデータほど編集距離は小さくなるため，類似尺度として用いる際にはその逆数をとるなどの変換が必要である．書き換えに用いることができる操作の集合は，データの種類によってさまざまに定義されるが，文字列データの場合によく用いられるのは「1文字の追加」「1文字の削除」「1文字の置換」の3操作からなる集合である．以下，文字列データを対象とし，操作集合として上の3操作からなる集合を考える．

コラム　「1文字の追加」「1文字の削除」「1文字の置換」の3操作からなる集合を前提とした文字列データ間の編集距離は，レーベンシュタイン距離（Levenshtein distance）とも呼ばれる．　○

例 6.5　2つの文字列 aabc と abac の編集距離を考える．aabc の先頭の a を削除して abc が得られる．b と c の間に a を挿入して abac が得られる．2操作で書き換えできたので，編集距離は2もしくはそれ以下である．

次に，1操作で aabc を abac に書き換えられるかどうか考える．どちらの文字列も4文字からなっているため，1操作で書き換えるには「1文字の置換」を使うしかない．しかし，aabc と abac は2文字目と3文字目の2か所が異なっているため，「1文字の置換」を1回使うだけでは書き換えできない．

以上より，aabc と abac の編集距離は2である．　○

一見，書き換え回数の最小性を保証するのが難しそうに思えるが，実は動的計画法を用いて効率よく編集距離を求めることができる．対象の文字列の長さを m, n とする．まず，初期化として，$(m+2)$ 行 $(n+2)$ 列の表を作り，1行目，1列目には，対象の文字列をそれぞれ右詰め，下詰めで格納する．すなわち，表の i 行 j 列の欄の内容を $T_{i,j}$ と書くことにすると，$T_{3,1} \cdots T_{m+2,1}$ に長

		a	b	a	c
	0	1	2	3	4
a	1				
a	2				
b	3				
c	4				

→

		a	b	a	c
	0	1	2	3	4
a	1	0	1	2	3
a	2	1			
b	3	2			
c	4	3			

→ ··· →

		a	b	a	c
	0	1	2	3	4
a	1	0	1	2	3
a	2	1	1	1	2
b	3	2	2	2	2
c	4	3	3	3	2

図 6.8 編集距離を求めるアルゴリズムの動作例

さ m の文字列を格納し，$T_{1,3} \cdots T_{1,n+2}$ に長さ n の文字列を格納する．さらに，$T_{2,2}$ には数値 0 を格納し，そこから右方向および下方向に 1 ずつ加えた値を格納した表を作る．図 6.8 の左端は，aabc と abac の編集距離を求める場合の初期化で得られる表である．

次に，以下の規則にしたがって表の空欄を埋めていく．

$$T_{i,j} = \begin{cases} min(T_{i-1,j}+1, T_{i,j-1}+1, T_{i-1,j-1}) & T_{1,j} = T_{i,1} \text{ のとき} \\ min(T_{i-1,j}+1, T_{i,j-1}+1, T_{i-1,j-1}+1) & T_{1,j} \neq T_{i,1} \text{ のとき} \end{cases}$$

表の一番右下の欄の値，すなわち $T_{m+2,n+2}$ が求める編集距離である．

q グラム

q グラム（q-gram）とは，入力の文字列の長さ q 文字の部分列からなる集合である．たとえば abcdefg の 3 グラムは，{abc, bcd, cde, def, efg} である．したがって，q グラム自体は類似尺度ではない．q グラム間の類似尺度を導入することで，もとの文字列の類似度を表現する．

上で述べたように q グラムは集合である．集合間の類似尺度として**ジャカール指数**（Jaccard index）がポピュラーである．集合 X と Y のジャカール指数 $J(X,Y)$ は以下の式で定義される．

$$J(X,Y) = \frac{|X \cap Y|}{|X \cup Y|}$$

コラム 文字列の類似尺度は情報検索においても有用である．文書（内の索引語）と検索語の間の類似指標に文字列の類似尺度を組み込むことで，より柔軟な検索が可能になる．また，現在入力されている検索語とこれまで頻繁に検索された語との類似度を比較することで，ユーザのタイプミスを検出し，正しいと思われる候補を提示することもできる． ○

6.3 プライバシ保護

近年，データベースシステムはもちろんのこと情報システム一般に対するセキュリティ要求が非常に高まっている．そもそも情報システムのセキュリティ（安全性）とはどのように定義されるのだろうか．おおまかには，以下の3つの性質が成り立つことをいう．

- **機密性**（confidentiality）：権限のないユーザに見られてはいけないデータが本当に隠されていること．
- **完全性**（integrity）：権限のないユーザにデータの内容を書き換えられることがないこと．あるいは，書き換えられたことが判別できること．
- **可用性**（availability）：機密性と完全性に違反しない限り，データやシステムが利用可能であること．

機密性は，データを「読む」というアクセスの禁止が必要なところではきちんと禁止されている，ということを要求している．同様に，完全性は，データに「書く」というアクセスの禁止が必要なところではきちんと禁止されている，ということを要求している．そして可用性は，禁止の必要のないところではアクセスが許可されている，ということを要求している．

これらを実現するための要素技術が**アクセス制御**（access control）である．アクセス制御とは，ユーザによるデータへの直接のアクセス（読み書き）を許可したり禁止したりする技術である．たとえば，Windows や Linux などのオペレーティングシステムでは，ファイルに読み書きできるユーザをファイルごとに指定することができる．

アクセス制御技術は十分に成熟しこなれた技術であるが，情報システムのセキュリティ（すなわち，機密性，完全性，可用性）を確保することは依然難しい問題である．それは，アクセス制御はデータへの「直接の」アクセスのみを制御する技術であるのに対し，ユーザはデータへ「間接的に」アクセスできる場合もあるからである．ここで間接的なアクセスとは，「既知の情報の断片を組み合わせることによって新たな情報を推論する」ことを指している．そして，間接的なアクセスを試みる行為を**推論攻撃**（inference attack）と呼ぶ．情報システムのセキュリティを確保するためには，推論攻撃に対して頑健なシステムを構築することが必要である．

例 6.6 代表的な推論攻撃である，リンク付けに基づく推論攻撃を紹介しよう．表 6.1 のデータベースにおいて，学生名と成績との対応を秘匿したいという状況を考える．しかし，稲本の出身地が愛知県であることを知っているユーザが，表 6.2 のようなビューにアクセスできるとしたら，どうだろうか．学生名と成績との対応情報に直接アクセスすることは確かにできないが，表 6.2 には出身地が愛知県のタプルは 1 つしかないことから，稲本の成績がこのユーザにはわかってしまうことになる．つまり，出身地という情報を用いて，学生名と成績をリンク付けできてしまったということになる． ◯

表 6.1 学生情報データベース

学生 ID	学生名	出身地
001	青山	京都府
002	稲本	愛知県
003	内田	京都府
004	遠藤	大阪府
005	岡崎	岐阜県
006	香川	大阪府

学生 ID	プログラミング	情報セキュリティ
001	95	70
002	65	90
003	80	70
004	95	80
005	85	95
006	70	60

表 6.2 出身地と成績のビュー

出身地	プログラミング	情報セキュリティ
京都府	95	70
京都府	80	70
大阪府	95	80
大阪府	70	60
愛知県	65	90
岐阜県	85	95

k-匿　名　性

リンク付けに基づく推論攻撃は古くから認識されていた攻撃であるが，近年，データベースにおけるプライバシ保護を達成する上で非常に注目を浴びるようになってきた．その大きなきっかけの 1 つになったのが，2002 年にスウィーニー (Sweeney) が発表した論文[10]である．スウィーニーは，まず，マサチューセッツ州の職員およびその家族 135000 人分の健康状態に関するデータを手に入れた．そのデータは，氏名や住所など明らかに個人を特定できる情報を削除した上で，研究や産業のために有償配布されているデータであった．次にスウィーニーは，当時のマサチューセッツ州知事が住んでいた街の有権者リストを20ドルで手に入れた．健康状態データにも有権者リストにも，各個人の郵便番号と性別と生年月日が記載されていた．そしてスウィーニーは，この郵便番号と性別と生年月日を用いてリンク付けを行い，当時の州知事の健康状態を特定できたと報告している．

このことを踏まえてスウィーニーは，リンク付けに対する安全性を表す1つの指標として，**k-匿名性**（k-anonimity）という概念を提案した．データベースがk-匿名性をもつとは，どの個人についても，その個人にリンク付けされ得るデータがk人分以上存在することを意味する．たとえば表6.3は，表6.2のデータベースを，2-匿名性をもつように修正したものである．出身地が「愛知県」や「岐阜県」のタプルは成績が特定され得るので，それらの値を「中部地方」に置き換えている．表6.3では，稲本と岡崎それぞれについて，出身地が「中部地方」の2つのタプルのどちらにリンク付けされるか特定できない．他の学生についても，リンク付けされ得るタプルの候補が2つ存在し，どちらが正しいリンク付けかを特定することはできない．リンク付けによるプライバシ情報の推論されやすさを，このようにして測ろうというのが，k-匿名性のアイディアである．

表6.3 2-匿名性をもつデータベース

出身地	プログラミング	情報セキュリティ
京都府	95	70
京都府	80	70
大阪府	95	80
大阪府	70	60
中部地方	65	90
中部地方	85	95

形式的に定義しよう．関係データベースにおいて，リンク付けに利用される属性集合を**準識別子**（pseudo-identifier）という．たとえば，例6.6における準識別子は{出身地}であり，スウィーニーが州知事の健康状態の特定に用いた準識別子は{郵便番号, 性別, 生年月日}である．関係インスタンスIとそのタプル$t \in I$，準識別子Xに対して，$I_{t,X} = \{t' \in I \mid t'[X] = t[X]\}$と定義する．すなわち，$I_{t,X}$は，準識別子の値が$t$と等しいタプルの集合である．

定義 6.1

任意のタプル $t \in I$ に対して $|I_{t,X}| \geq k$ が成り立つとき，I は準識別子 X に関して k-匿名性をもつという．

I が準識別子 X に関して 1-匿名性をもつが 2-匿名性をもたないとする．これは，準識別子の値によって一意に特定されてしまうタプルが I に存在することを意味する．何らかの目的や事情によりこのような I を公開する際には，あらかじめ決められた $k \geq 2$ について k-匿名性をもつように I を修正する必要がある．機密性の観点からは，k の値は大きいほうがよいが，可用性の観点からは，k の値は小さいほうがよい．そのため，I を公開する目的や事情に応じて，k の値は慎重に決める必要がある．

k-匿名化手法

与えられた関係インスタンス I を，k-匿名性をもつように修正することを，**k-匿名化**（k-anonymization）という．以下では，k の値が具体的に決められているという前提のもとで，k-匿名化手法について紹介する．

k-匿名化は，I の準識別子の値を修正することで達成される．値の修正方法には，大きく分けて以下の 3 種類がある．

- **一般化**（generalization）：もとの値を，それを含むより一般的な値（カテゴリ名，グループ名等）に置き換える．表 6.2 から表 6.3 への修正は一般化にあたる．
- **補正**（perturbation）：もとの値を丸めたりノイズを加えたりする．表 6.2 を補正により 2-匿名化したデータベースの例を表 6.4 に示す．
- **隠蔽**（suppression）：もとの値の情報を完全に隠してしまう．表 6.2 を隠蔽により 2-匿名化したデータベースの例を表 6.5 に示す．$*$ はもとの値が隠蔽されていることを表す特別な値である．

隠蔽は一般化や補正の特別な場合とみなすこともできる．すなわち，「$*$ はすべての値を含む最も一般的な値である」と考えれば，隠蔽は一般化の特別な場合とみなせる．また，「あらゆる値について，その補正後の値は $*$ である」ような補正を考えれば，隠蔽は補正の特別な場合とみなせる．

表 6.4 補正により 2-匿名化したデータベース

出身地	プログラミング	情報セキュリティ
京都府	95	70
京都府	80	70
大阪府	95	80
大阪府	70	60
愛知県	65	90
愛知県	85	95

表 6.5 隠蔽により 2-匿名化したデータベース

出身地	プログラミング	情報セキュリティ
京都府	95	70
京都府	80	70
大阪府	95	80
大阪府	70	60
*	65	90
*	85	95

値の一般化についてはさまざまな方法が提案されているが，ここでは**分類木**（taxonomy tree）を用いる方法を紹介する．図 6.9 に分類木の例を示す．分類木の葉は最も細かい粒度の値（この場合都道府県名）に対応する．親は子を一般化した値（あるいは抽象化した値，包含する値）である．したがって，複数の異なる値を同一の値に一般化するには，分類木においてそれらの値の共通の先祖を選び，その値に置き換えればよい．たとえば，表 6.2 の 2-匿名化を思い出してみよう．2-匿名性をもたない原因となっているのは「愛知県」と「岐阜県」であり，それらを「中部地方」で置き換えることで，表 6.3 が得られていた．図 6.9 の分類木を見ると，「中部地方」は「愛知県」と「岐阜県」の共通の先祖になっている．

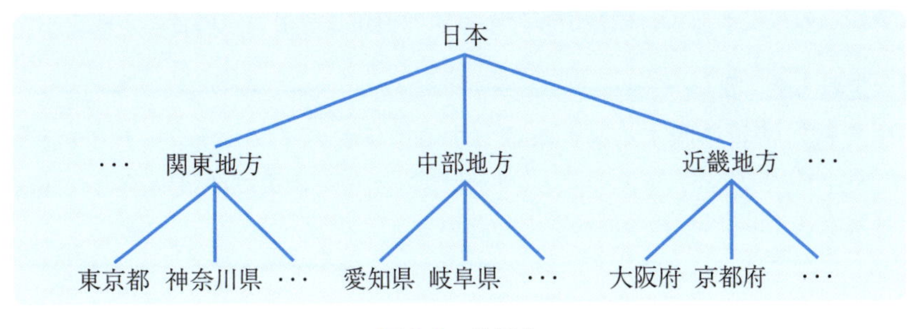

図 6.9　分類木

例題 6.2　「愛知県」と「岐阜県」の共通の先祖としては，「中部地方」と「日本」がある．表 6.2 に対してそれぞれを採用したときの違いを機密性と可用性の観点から述べよ．

解答　どちらを採用しても 2-匿名化が可能であるという意味で，機密性に違いはない．一方，「出身地が中部地方」という情報と「出身地が日本」という情報とでは，地域がより特定されている分，前者のほうが情報量が多いため，「中部地方」を採用したときのほうが可用性が高い．

コラム　値の一般化によって，当然ながら，もとのデータベースがもっていた情報は一部失われることになる．失われる情報の定量的な尺度として，さまざまな尺度が研究・提案されている．また，与えられたデータベースと k に対して，そのデータベースに k-匿名性をもたせるための値の一般化方法は通常何通りもあるが，可用性の観点からは，失われる情報が少なくなるように一般化したい．しかし，代表的な情報量の尺度について，失われる情報が最小となるような一般化方法を求める問題は NP 困難であることが知られている．○

k-匿名性の弱点と ℓ-多様性

k-匿名性をもたせるだけでいつでもプライバシ情報の推論を防げるわけではない．実際，表 6.3 のデータベースは 2-匿名性をもっているが，京都府出身である青山と内田の「情報セキュリティ」の成績は 70 点であると推論できてしまう．このような k-匿名性の弱点を解決すべく，より強力な **ℓ-多様性**（ℓ-diversity）と呼ばれる安全性定義も提案されている．

多様性の尺度として，機密情報である値の種類数を用いる場合の定義を示す．

定義 6.2

S を機密情報に関する属性集合とする．任意のタプル $t \in I$ に対して $|\{t'[S] \mid t' \in I_{t,X}\}| \geq \ell$ のとき，関係インスタンス I は準識別子 X と機密属性集合 S に関して ℓ-多様性をもつという．

例 6.7　準識別子として $X = \{$ 出身地 $\}$ を，機密情報に関する属性集合として $S = \{$ 情報セキュリティ $\}$ を考える．表 6.3 は 1-多様性しかもたない．一方，京都府と大阪府を近畿地方で一般化したデータベースは 2-多様性をもつ．　○

演習問題

□ **6.1**　以下の XPath 問合せを図 6.4 の木構造上で評価したときの結果を，図 6.4 中の記号 A〜P を使って答えよ．

(1) `/*/*/*`

(2) `/*/*/*/*`

(3) `/*/*/*/child::node()`

(4) `//*`

(5) `//self::node()`

(6) `//self::text()`

□ **6.2**　本文で説明したアルゴリズムを用いて，以下の文字列ペアの編集距離を求めよ．

(1) 「canoe」と「cannon」

(2) 「canoe」と「plane」

(3) 「canoe」と「ocean」

□ **6.3**　集合 X と Y のジャカール指数 $J(X,Y)$ が 1 と等しくなるのは $X = Y$ のときかつそのときのみであることを示せ．

□ **6.4**　k-匿名化手法における一般化と補正を，可用性の観点から比較せよ．

問題解答

● 第 1 章

演習問題

1.1 解答例は以下のとおり．

- **同時実行制御機能に関する問題点**：あらゆる窓口や ATM で現金の預け入れや引き出しが行われるたびに，このテキストファイルの更新要求が発生する．更新要求が同時に発生した場合の扱いは，細かい点は OS によって異なるが，基本的にはあるプロセスがファイルを開いてから保存するまでの間に別のプロセスがそのファイルを更新することは許されない．したがって，多数の預け入れや引き出しが同時に発生したとしても，逐次的に処理することしかできない．
- **障害回復機能に関する問題点**：多くの場合，ファイルシステムが提供する障害回復機能では不十分である．たとえば，ファイルのバックアップをとるタイミングが固定的であるため，障害によりファイルが消失した場合，所望の時点のファイルに復元できるとは限らない．

1.2 それぞれの適合率と再現率は以下のとおり．なお，ケース (2) や (3) からわかるように，適合率と再現率のうちのどちらか一方を完全に無視してしまえば，もう一方の数値を 1 に近づけるのは容易である．したがって，通常は両方の指標を考慮に入れて評価しなければ意味がない．

(1) 適合率は $\frac{80}{200} = 0.4$, 再現率は $\frac{80}{100} = 0.8$ である．

(2) 適合率は $\frac{1}{1} = 1$, 再現率は $\frac{1}{100} = 0.01$ である．

(3) 適合率は $\frac{100}{1000000} = 0.0001$, 再現率は $\frac{100}{100} = 1$ である．

● 第 2 章

問 2.1 (1) 関係スキーマは関係名と属性名の有限「集合」の対として定義されているので，属性名の並び順に意味はない．したがって $R[U_1]$ と $R[U_2]$ は区別されない．

(2) 関係インスタンスはタプルの有限「集合」として定義されているので，タプルの並び順に意味はない．したがって問題文中の 2 つの関係インスタンスは区別されない．

(3) 関係インスタンスはタプルの有限「集合」として定義されているので，同じタプルは重複して存在できない．なお，タプルの重複を許す多重集合ベース（bag-based）のデータモデルも提案されている．

問 2.2 まず $I \cap J \subseteq I \bowtie J$ を示す．任意の $t \in I \cap J$ を考えると，$t \in I$ かつ $t \in J$ であることより，$t = t \bowtie t \in I \bowtie J$ である．

次に $I \cap J \supseteq I \bowtie J$ を示す．任意の $t \in I \bowtie J$ を考えると，ある $t_I \in I$ と $t_J \in J$ が存在して $t = t_I \bowtie t_J$ である．ここで I も J も $R[U]$ 上のインスタンスであるため，自然結合演算の定義より，$t[U] = t_I[U] = t_J[U]$ である．そして t も U 上のタプルであるため，結局 $t = t_I = t_J$ である．したがって $t \in I$ かつ $t \in J$，すなわち $t \in I \cap J$ である．

問 2.3 まず $(K \times J) \div J \subseteq K$ を示す．任意の $t \in (K \times J) \div J$ を考える．商演算の定義より $\{t\} \times J \subseteq K \times J$ である．よって $t \in K$ である．

次に $(K \times J) \div J \supseteq K$ を示す．任意の $t \in K$ を考える．$\{t\} \times J \subseteq K \times J$ であるため，商演算の定義より $t \in (K \times J) \div J$ である．

問 2.4 解答例をいくつか挙げる．

- $\pi_{\text{会員番号}}(\sigma_{\text{マイル残高} \geq 10000}(\text{マイレージ会員名簿})) \bowtie \text{搭乗予約}$
- $\pi_{\text{会員番号, 便名}}(\sigma_{\text{マイル残高} \geq 10000}(\text{マイレージ会員名簿}) \bowtie \text{搭乗予約})$
- $\pi_{\text{会員番号, 便名}}(\sigma_{\text{マイル残高} \geq 10000}(\text{マイレージ会員名簿} \bowtie \text{搭乗予約}))$

演習問題

2.1 解答例は以下のとおり．

(1) $\pi_{\text{科目コード}}(\sigma_{\text{科目名}=\text{'データベース'}}(\text{科目}))$

(2) $\pi_{\text{科目コード}}(\text{履修} \bowtie \sigma_{\text{名前}=\text{'加藤'}}(\text{学生}))$

(3) $\pi_{\text{科目名}}(\text{科目} \bowtie \text{履修} \bowtie \sigma_{\text{所属}=\text{'情報'}}(\text{学生}))$

(4) $\pi_{\text{担当教員}}(\text{科目}) - \pi_{\text{担当教員}}(\text{科目} \bowtie \sigma_{\text{成績}<70}(\text{履修}))$

(5) $\pi_{\text{科目名, 名前}}(\text{科目} \bowtie \sigma_{\text{成績} \geq 80}(\text{履修}) \bowtie \text{学生})$

(6) $\pi_{\text{名前}}((\pi_{\text{科目コード, 学籍番号}}(\text{履修}) \div \pi_{\text{科目コード}}(\text{科目})) \bowtie \text{学生})$

2.2 解答例は以下のとおり．

(1)
```
SELECT  科目コード
FROM    科目
WHERE   科目名 = 'データベース';
```

(2)
```
SELECT  科目コード
FROM    学生, 履修
WHERE   名前 = '加藤' AND 学生.学籍番号 = 履修.学籍番号;
```

(3)
```
SELECT DISTINCT  科目名
FROM             学生, 履修, 科目
WHERE            所属 = '情報' AND
                 学生.学籍番号 = 履修.学籍番号 AND
                 科目.科目コード = 履修.科目コード;
```

(4)
```
SELECT   担当教員
FROM     科目
  EXCEPT
SELECT   担当教員
FROM     科目,履修
WHERE    成績 < 70 AND 科目.科目コード = 履修.科目コード;
```

(5)
```
SELECT  科目名, 名前
FROM    学生, 履修, 科目
WHERE   成績 >= 80 AND 学生.学籍番号 = 履修.学籍番号 AND
        科目.科目コード = 履修.科目コード;
```

(6) 以下の 2 つのビュー定義と 1 つの問合せを順に実行する．

```
CREATE VIEW tmp1 AS
  SELECT   科目コード, 学籍番号
  FROM     学生, 科目
    EXCEPT
  SELECT   科目コード, 学籍番号
  FROM     履修;

CREATE VIEW tmp2 AS
  SELECT   学籍番号
  FROM     履修
    EXCEPT
  SELECT   学籍番号
  FROM     tmp1;

SELECT  名前
FROM    tmp2, 学生
WHERE   tmp2.学籍番号 = 学生.学籍番号;
```

2.3 各関係の候補キーは以下のとおりであると考えられる．

- 関係「学生」: { 学籍番号 }.
- 関係「科目」: { 科目コード }.
- 関係「履修」: { 科目コード，学籍番号 }.

どの関係も候補キーが唯一であるので，これらはすべて主キーであり，これらに関してキー制約が成り立っていると考えられる．

次に，関係「履修」の科目コードは外部キーであり，関係「科目」の科目コードを参照していると考えられる．また，関係「履修」の学籍番号は外部

キーであり，関係「学生」の学籍番号を参照していると考えられる．よって，これらの属性に関して参照一貫性制約が成り立っていると考えられる．

最後に，関係「学生」に対して (211, 情報, 2, 佐藤) というタプルを挿入しようとすると，既に学籍番号が 211 であるタプルが存在するため，キー制約違反となる．また，関係「履修」に対して (C03,211,90) というタプルを挿入しようとすると，関係「科目」に科目コードが C03 であるタプルが存在しないため，参照一貫性制約違反となる．

● **第 3 章**

問 3.1 一般に，一対一の関連を関係モデルに変換するには，一対多の関連の特別な場合と考えて変換すればよい．すなわち，任意の片側の主キーをもう片側の外部キーとして属性集合に含めてやればよい．ただし，依存関係がある場合は，親側の主キーを子側の外部キーとして含めてやるとよい．

なお,「搭乗予約」と「支払」については主キーが等しいため，どちらも属性集合はそのままでよい（片側の主キーをもう片側の主キーの含める操作は必要ない）が，依存関係を表現するために,「支払」の予約番号は「搭乗予約」の予約番号に含まれるという包含従属性を指定するのがよい．

問 3.2 表 3.3 の 2 つの関係の自然結合を求めると，表 3.1 の関係に一致する．したがって，表 3.3 は表 3.1 の無損失結合分解である．

表 3.3 の上の関係について考える．機材番号 K0003 の定員が 390 名に変更になると，その機材を使用しているすべてのタプルについて，定員の値を 395 から 390 に変更する必要がある（修正時異状）．新規に導入した機材の番号と定員が決まったとしても，その機材を利用する便が決まるまではこの関係に挿入することができない（挿入時異状）．機材番号 K0001 の機材が使われなくなり，このタプルを削除してしまうと K0001 の定員が 514 名であるという情報が失われてしまう（削除時異状）．

表 3.3 の下の表についても，社員番号と社員氏名の情報に関して，同様の更新時異状が発生する．

問 3.3 表 3.1 の属性の意味を考えれば，以下のような FD が成立することが期待される．そして実際に表 3.1 はこれらを満たしている．

$$\{\text{月日}, \text{便名}\} \rightarrow \{\text{出発地}, \text{機材番号}\}$$

$$\{\text{機材番号}\} \rightarrow \{\text{定員}\}$$

$$\{\text{社員番号}\} \rightarrow \{\text{社員氏名}\}$$

さらに，属性の意味とは無関係に表3.1が「偶然」満たしているFDは，以下のようなものを含め数多くある．

$$\{\text{定員}\} \to \{\text{機材番号}\}$$

$$\{\text{出発地, 社員氏名}\} \to \{\text{月日, 便名, 機材番号, 定員, 社員番号}\}$$

演習問題

3.1 $\Sigma = \{AB \to CD, C \to E, B \to F\}$ とおく．以下のようにして Σ から $AB \to EF$ が得られるので，$\Sigma \models AB \to EF$ は成り立つ．

σ_1:	$AB \to CD$	$\in \Sigma$
σ_2:	$AB \to BCD$	σ_1 に対して $Z = B$ として FD2 を適用
σ_3:	$C \to E$	$\in \Sigma$
σ_4:	$BCD \to BDE$	σ_3 に対して $Z = BD$ として FD2 を適用
σ_5:	$B \to F$	$\in \Sigma$
σ_6:	$BDE \to DEF$	σ_5 に対して $Z = DE$ として FD2 を適用
σ_7:	$AB \to BDE$	σ_2 と σ_4 に対して FD3 を適用
σ_8:	$AB \to DEF$	σ_7 と σ_6 に対して FD3 を適用
σ_9:	$DEF \to EF$	$X = DEF, Y = EF$ として FD1 を適用
σ_{10}:	$AB \to EF$	σ_8 と σ_9 に対して FD3 を適用

3.2 増加律の逆であるが，成り立たない．もし「$XZ \to YZ$ ならば $X \to Y$」という規則が成り立つとすると，$\{AC \to BC\} \models A \to B$ が成り立つ．すなわち，任意のインスタンス I について，$I \models AC \to BC$ ならば $I \models A \to B$ が成り立つ．一方，以下のインスタンス J を考える．

A	B	C
0	0	0
0	1	0

$J \models AB \to BC$ であるが，$J \not\models A \to B$ であるため，矛盾する．

3.3 まず，$D \to A$ を用いて (U, Σ) を分解することを考える．

$$\pi_{AE}(\Sigma) = \{D \to A\}^*$$

$$\pi_{BCDE}(\Sigma) = \{BD \to C\}^*$$

が成り立つことを確認しよう．その結果，(U, Σ) は $R_1 = (AD, \{D \to A\})$ と $R_2 = (BCDE, \{BD \to C\})$ に分解される．D は R_1 の超キーなので，R_1 は BCNF である．しかし，BD は R_2 の超キーではないため，R_2 は BCNF ではない．そこで，R_2 を $BD \to C$ に基づいて分解すると，

$$\pi_{BCE}(\{BD \to C\}) = \{BD \to C\}^*$$
$$\pi_{BDE}(\{BD \to C\}) = \emptyset^*$$

より，$R_{21} = (BCD, \{BD \to C\})$ と $R_{22} = (BDE, \emptyset)$ が得られる．BD は R_{21} の超キーなので，R_{21} は BCNF である．また，R_{22} は自明な FD しかもたないので，R_{22} も BCNF である．結局，(U, Σ) は R_1，R_{21}，R_{22} に分解される．

$\Gamma = \{D \to A, BD \to C\}$ とおく．$\Gamma \models D \to A$ であるが，$\Gamma \not\models AB \to C$ である．したがって，この分解は従属性保存ではない．

● 第 4 章

問 4.1 1 レコードあたりのハードディスクへのアクセス回数を増やしてしまう原因になるため，避けるべきである．また，1 レコードにアクセスするために複数ブロック分のバッファが必要となり，主記憶の利用効率も悪くなる．

問 4.2 B^+ 木の 1 つの頂点にアクセスする操作を基本操作とみなして最悪時間計算量を見積もることにする．更新前の B^+ 木の高さを h とおき，挿入や削除の対象のレコードの検索キーの値を X とおく．

- **レコードの挿入**：X が格納されるべき葉頂点 v を見つけるのに $O(h)$ 時間かかる．X を v に挿入する際に頂点の分割が発生する可能性がある．1 回の分割においては，v と，新規に生成された頂点と，v の親頂点との合計 3 頂点にアクセスすればよく，その時間計算量は $O(1)$ である．頂点の分割は葉頂点から根頂点の方向に再帰的に引き起こされるため，最悪時には $h+1$ 回発生する．トータルとして，最悪時間計算量は $O(h)$ である．
- **レコードの削除**：X が格納されている葉頂点 v を見つけるのに $O(h)$ 時間かかる．X を v から削除する際に頂点の合併が発生する可能性がある．1 回の合併においては，v と，v の両隣の頂点と，v の親頂点との合計たかだか 4 頂点にアクセスすればよく，その時間計算量は $O(1)$ である．頂点の合併は葉頂点から根頂点の方向に再帰的に引き起こされるため，最悪時には h 回発生する．トータルとして，最悪時間計算量は $O(h)$ である．

問 4.3 関係インスタンス I，J を以下のようにおく．

$I =$

A	B
0	1

$J =$

A	B
0	2

このとき，$\pi_A(I \cap J) = \emptyset$ であるが $\pi_A(I) \cap \pi_A(J) = (0)$ である．また，

$\pi_A(I-J)=(0)$ であるが $\pi_A(I)-\pi_A(J)=\emptyset$ である．

問 4.4 S を任意の直列なスケジュールとし，S において $W_i(x)$ が $R_j(x)$ に先行しているとする．S は直列なので，T_i で実行されるすべての基本操作は T_j で実行されるすべての基本操作に先行する．したがって，C_j が C_i や A_i に先行することはない．よって S は回復可能である．

演習問題

4.1 1 回転にかかる時間は $60 \times \frac{1000}{6000} = 10\,\text{ms}$ である．平均回転待ち時間は 1 回転にかかる時間の $\frac{1}{2}$ であるので 5 ms である．これに平均シーク時間の 9 ms を加えて，平均アクセス時間は 14 ms となる．

1 トラックあたりの平均ブロック数は $\frac{200}{4} = 50$ である．したがって平均 $\frac{1}{50}$ 回転で 1 ブロックを転送できる．それに要する時間は $10 \times \frac{1}{50} = 0.2\,\text{ms}$ である．

4.2 4.3 節と同様に，二次記憶とバッファの間のブロック転送操作を基本操作として実行時間を見積もることにする．ファイルを格納しているブロックの数を b とする．

- **ヒープファイルの場合：**
  - **レコードの検索：** 最後のブロックが読み出されるまで検索対象のレコードが見つからないケースが最悪時であるため，最悪時間計算量は $O(b)$ である．
  - **レコードの挿入：** 空き領域を管理する情報を用意しない場合，最後のブロックが読み出されるまで空き領域のあるブロックが見つからないケースが最悪時であるため，最悪時間計算量は $O(b)$ である．空き領域を管理する情報をたとえばファイルの先頭に用意する場合，ファイルの先頭のブロックと空き領域のあるブロックの読み出しだけですむので，最悪時間計算量は $O(1)$ である．
  - **レコードの削除：** 検索時と同様，最悪時間計算量は $O(b)$ である．
- **順次ファイルの場合：** まず，主索引をもたない場合を考える．
  - **レコードの検索：** 最後のブロックが読み出されるまで検索対象のレコードが見つからないケースが最悪時であるため，最悪時間計算量は $O(b)$ である．
  - **レコードの挿入：** 挿入対象のレコードの直前の順になるべきレコードが配置されたブロックを見つけなければならない．最後のブロックが読み出されるまでそのレコードが見つからないケースが最悪時であるため，最悪時間計算量は $O(b)$ である．

∘ **レコードの削除**：検索時と同様，最悪時間計算量は $O(b)$ である．

次に主索引として B^+ 木をもつ場合を考える．B^+ 木の 1 頂点が 1 ブロックで構成されているとし，B^+ 木の高さを h とおく．

∘ **レコードの検索**：B^+ 木の根頂点から葉頂点まで順にたどることで検索対象のレコードが配置されたブロックを読み出せる（あるいはそのレコードがファイルに存在しないことがわかる）ため，最悪時間計算量は $O(h)$ である．

∘ **レコードの挿入**：挿入対象のレコードの直前の順になるべきレコードが配置されたブロックを見つけなければならない．この処理の時間計算量は $O(h)$ である．ブロックへのレコードの挿入自体は $O(1)$ 時間で行える．B^+ 木の更新にかかる時間計算量は $O(h)$ である．トータルとして最悪時間計算量は $O(h)$ である．

∘ **レコードの削除**：B^+ 木の根頂点から葉頂点まで順にたどることで削除対象のレコードが配置されたブロックを読み出せる．この処理の時間計算量は $O(h)$ である．ブロックからのレコードの削除自体は $O(1)$ 時間で行える．B^+ 木の更新にかかる時間計算量は $O(h)$ である．トータルとして最悪時間計算量は $O(h)$ である．

- **ハッシュファイルの場合**：1 つのバケットを構成するブロック数の最大値を b_B とする．各バケットは十分な空き領域をもっているとする．

∘ **レコードの検索**：検索キー値のハッシュ値に基づいてまずバケットディレクトリの該当するブロックを読み出し，次に検索キー値に対応するバケットを読み出せばよい．当該バケットのブロック数が b_B であり，かつバケットの最後のブロックが読み出されるまで検索対象のレコードが見つからないケースが最悪時であるため，最悪時間計算量は $O(b_B)$ である．

∘ **レコードの挿入**：検索時と同様，最悪時間計算量は $O(b_B)$ である．

∘ **レコードの削除**：検索時と同様，最悪時間計算量は $O(b_B)$ である．

4.3 以下のとおり．

(1) 検索キー値 010 をもつレコードを挿入

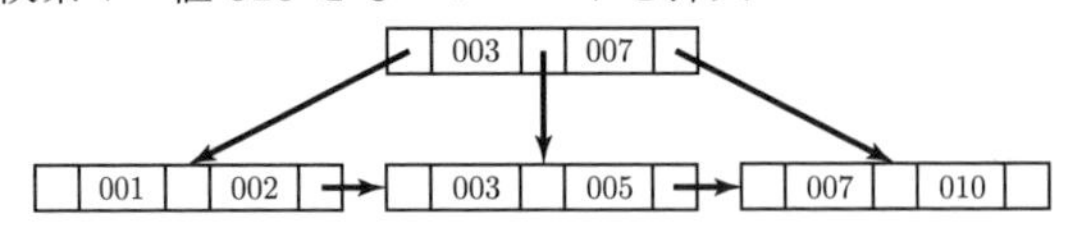

(2)　検索キー値 003 をもつレコードを削除

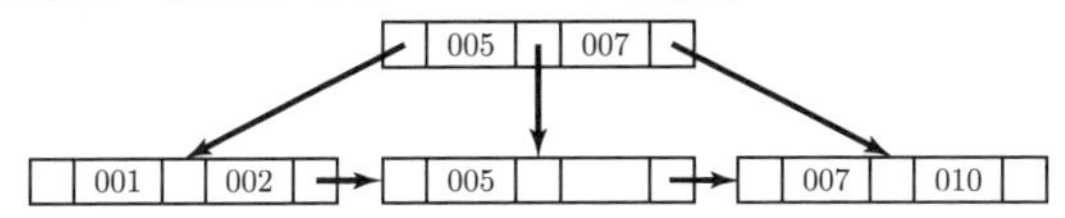

(3)　検索キー値 008 をもつレコードを挿入

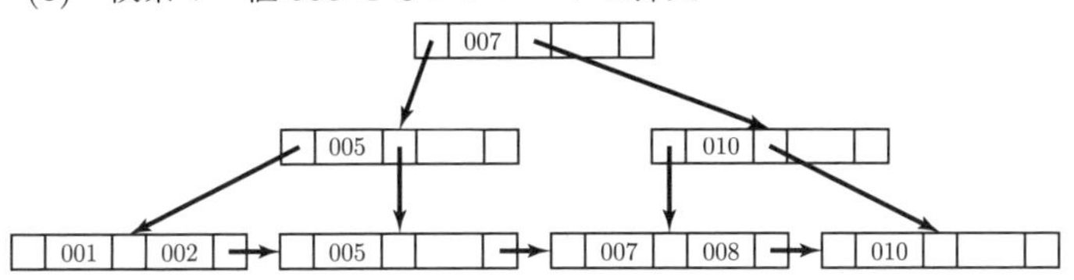

(4)　検索キー値 005 をもつレコードを削除

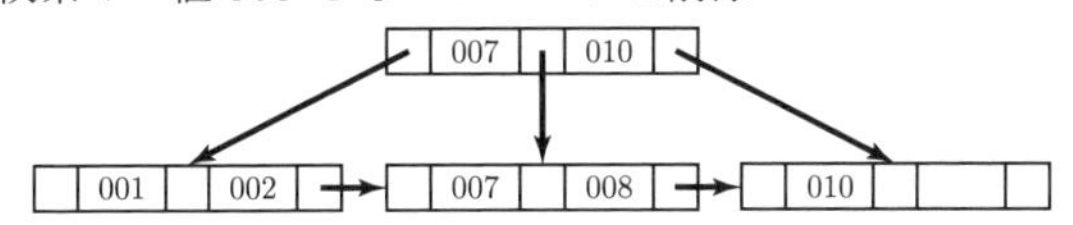

4.4 解答例は以下のとおり．

- 関係 I がハッシュによる主索引をもつとし，属性 A をその検索キーとする．c のハッシュ値に基づいてまずバケットディレクトリの該当するブロックを読み出し，次に c に対応するバケットを読み出せばよい．1 つのバケットを構成するブロック数の最大値を b_B とおくと，最悪時の実行コストは $b_B + 1$ となる．
- 関係 I がハッシュによる二次索引をもつとし，属性 A をその検索キーとする．c のハッシュ値に基づいてまずバケットディレクトリの該当するブロックを読み出し，次に c に対応するバケットを読み出す．そのバケットには，$A = c$ を満たすレコードへのポインタが格納されている．1 つのバケットを構成するブロック数の最大値を b_B とし，$A = c$ を満たすレコード数を n とおくと，最悪時の実行コストは $b_B + n + 1$ となる．

4.5 まず整合性に関して．データが満たすべき性質として，たとえば「異なる顧客 A と B が同じ座席 x の予約をもっていてはいけない」が挙げられる．したがって，トランザクション単体での実行によって，「顧客 A によってすでに予約されている座席 x を，別の顧客 B が予約する」ことが起きてはいけない．

次に耐久性に関して．予約が確定したあと（つまり予約のトランザクションがコミットしたあと），停電等の障害でその予約が消滅してしまうことがあってはいけない．

4.6 回復可能なスケジュールは S_1 と S_2 である．

- S_1 と S_2 においては，書込みが読出しに先行しているのはデータアイテム x に対してのみである．$W_1(x)$ が $R_2(x)$ に先行していて，かつ C_1 が C_2 に先行しているので，どちらも回復可能である．
- S_3 と S_4 においては，データアイテム x に対して，書込みが読出しに先行している（S_4 においては，データアイテム y に対しても書込みが読出しに先行している）．$W_1(x)$ が $R_2(x)$ に先行していて，かつ C_2 が C_1 に先行しているので，どちらも回復可能ではない．

●第 5 章

問 5.1 w AND (NOT x) の処理方法の解答例を Algorithm A に示す．また，w OR x の処理方法の解答例を Algorithm B に示す．文書 ID を出力する際の条件が異なるのはもちろんのこと，while ループの終了条件も異なっていることに注意しよう．

Algorithm A w AND (NOT x) の処理

```
Input: 問合せ w AND (NOT x)
Output: w を含み x を含まないすべての文書 ID
// p_w と p_x はポスティングへのポインタ
p_w := (w のポスティングリストの先頭);
p_x := (x のポスティングリストの先頭);
while p_w が null ではない do
    if p_w.docID < p_x.docID または p_x が null then
        p_w.docID を出力;
        p_w := p_w.pnext;
    else if p_w.docID > p_x.docID then
        p_x := p_x.pnext;
    else // p_w.docID = p_x.docID
        p_w := p_w.pnext;
        p_x := p_x.pnext;
end
```

Algorithm B　w OR x の処理

```
Input: 問合せ w OR x
Output: w もしくは x を含むすべての文書 ID
// p_w と p_x はポスティングへのポインタ
p_w := (w のポスティングリストの先頭);
p_x := (x のポスティングリストの先頭);
while p_w と p_x の少なくとも一方が null ではない do
    if p_w.docID < p_x.docID または p_x が null then
        p_w.docID を出力;
        p_w := p_w.pnext;
    else if p_w.docID > p_x.docID または p_w が null then
        p_x.docID を出力;
        p_x := p_x.pnext;
    else // p_w.docID = p_x.docID
        p_w.docID を出力;
        p_w := p_w.pnext;
        p_x := p_x.pnext;
end
```

問 5.2 “source code” をフレーズ検索すると，その結果は文書 1 と文書 2 の集合となる．なぜなら，文書 1 において，source は 192 番目や 312 番目の語として現れ，code は 193 番目や 313 番目の語として現れているからである．さらに，文書 2 において，source は 32 番目の語として現れ，code は 33 番目の語として現れているからである．

一方，“binary code” をフレーズ検索すると，その結果は空の文書集合となる．binary は文書 2 の 15 番目および 50 番目の語として現れているのみであり，code は文書 2 の 16 番目にも 51 番目にも現れていないからである．

問 5.3 解答例を Algorithm C に示す．文書 d は語 w と x の両方を含んでおり，d についての w および x のポスティングへのポインタが入力として与えられるという前提をおいている．

Algorithm C (w, x) **の被覆を求めるアルゴリズム**

Input: w のポスティングへのポインタ p_w と，x のポスティングへのポインタ p_x. ただし p_w.docID $= p_x$.docID $= d$.
Output: 文書 d における (w, x) のすべての被覆.

```
o_w := p_w.onext;
o_x := p_x.onext;
while o_w も o_x も null ではない do
    if o_w.occr < o_x.occr then
        while o_w.onext.occr < o_x.occr do o_w := o_w.onext;
        (o_w.occr, o_x.occr) を出力;
        o_w := o_w.onext;
    else
        while o_x.onext.occr < o_w.occr do o_x := o_x.onext;
        (o_x.occr, o_w.occr) を出力;
        o_x := o_x.onext;
    end
end
```

問 5.4 図 5.6 のウェブグラフについて，

$$P - I = \begin{pmatrix} -1 & \frac{1}{2} & 0 & \frac{1}{2} \\ 1 & -1 & 0 & 0 \\ \frac{1}{2} & 0 & -\frac{1}{2} & 0 \\ 0 & \frac{1}{2} & \frac{1}{2} & -1 \end{pmatrix}$$

であり，式 (5.4) から得られる連立一次方程式は以下のとおりである．

$$\begin{aligned} -x_1 + x_2 + \tfrac{1}{2}x_3 &= 0 \\ \tfrac{1}{2}x_1 - x_2 + \tfrac{1}{2}x_4 &= 0 \\ -\tfrac{1}{2}x_3 + \tfrac{1}{2}x_4 &= 0 \\ \tfrac{1}{2}x_1 - x_4 &= 0 \end{aligned}$$

さらに $x_1 = 4$ を代入すると以下の連立一次方程式が得られる．

$$\begin{aligned} x_2 + \tfrac{1}{2}x_3 &= 4 \\ -x_2 + \tfrac{1}{2}x_4 &= -2 \\ -\tfrac{1}{2}x_3 + \tfrac{1}{2}x_4 &= 0 \\ -x_4 &= -2 \end{aligned}$$

これを解くと $x_2 = 3,\ x_3 = 2,\ x_4 = 2$ が得られる．

問 5.5 例 5.10 での計算をさらに続けてみる．

$$(\ 8\ \ 4\ \ 4\ \ 0\ )P = (\ 6\ \ 4\ \ 2\ \ 4\ )$$

$$(\ 6\ \ 4\ \ 2\ \ 4\ )P = (\ 5\ \ 5\ \ 3\ \ 3\ )$$

$$(\ 5\ \ 5\ \ 3\ \ 3\ )P = (\ 6.5\ \ 4\ \ 3\ \ 2.5\ )$$

$$(\ 6.5\ \ 4\ \ 3\ \ 2.5\ )P = (\ 5.5\ \ 4.5\ \ 2.75\ \ 3.25\ )$$

$$(\ 5.5\ \ 4.5\ \ 2.75\ \ 3.25\ )P = (\ 5.875\ \ 4.375\ \ 3\ \ 2.75\ )$$

$\boldsymbol{x} = (\ 4\ \ 3\ \ 2\ \ 2\ )$ と平行なベクトルに近づいているかどうかは，コサイン類似度が 1 に近づいているかで確認できる．たとえば $\boldsymbol{y}_0 = (\ 16\ \ 0\ \ 0\ \ 0\ )$ とおくと，

$$\mathrm{sim}(\boldsymbol{x}, \boldsymbol{y}_0) = \frac{\boldsymbol{x} \cdot \boldsymbol{y}_0}{|\boldsymbol{x}| \cdot |\boldsymbol{y}_0|} = \frac{64}{\sqrt{33} \cdot 16} = \frac{4}{\sqrt{33}} \approx 0.69631$$

$\boldsymbol{y}_4 = (\ 5\ \ 5\ \ 3\ \ 3\ )$ とおくと，

$$\mathrm{sim}(\boldsymbol{x}, \boldsymbol{y}_4) = \frac{47}{\sqrt{33} \cdot \sqrt{68}} \approx 0.99217$$

$\boldsymbol{y}_7 = (\ 5.875\ \ 4.375\ \ 3\ \ 2.75\ )$ とおくと，

$$\mathrm{sim}(\boldsymbol{x}, \boldsymbol{y}_7) = \frac{48.125}{\sqrt{33} \cdot \sqrt{70.21875}} \approx 0.99974$$

演習問題

5.1 最悪ケースは p_w と p_x の両方がポスティングリストの末尾まで達してしまう場合である．よって最悪時間計算量は $O(N_w + N_x)$ である．

5.2 5.1 の解より，1 回目の処理の結果のサイズが 2 回目の処理時間に影響することがわかる．よって，1 回目の処理の結果のサイズが小さくなる（可能性が高い）検索語の組合せを選ぶのがよい．具体的には，出現文書数が最大の語を 2 回目にまわし，残る 2 語を 1 回目に処理する戦略をとるのがよい．

5.3 索引語 w の索引語頻度が i である文書を d_i と書く（すなわち $\mathrm{tf}(w, d_i) = i$）．tf をそのままスケールに用いるということは，「d_0 と d_1 の間の重要度の差」と「d_{100} と d_{101} の間の重要度の差」を同じとみなしていることになる．しかし，通常は，「d_0 と d_1 の間の重要度の差」は大きいと考え，「d_{100} と d_{101} の間の重要度の差」はほとんどないと考えるべきだろう．このような考察をふまえて，tf′ は，索引語頻度が大きくなるほど値の伸びが鈍くなるように定義されている．

5.4 α の値として $\frac{1}{4}$, $\frac{1}{2}$, $\frac{3}{4}$ を選んだときの定常分布はそれぞれ以下のようになる.

- $\alpha = \frac{1}{4}$ のときの定常分布は

$$\frac{1}{1354}\begin{pmatrix} 457 & 352 & 289 & 256 \end{pmatrix} \approx \begin{pmatrix} 0.34 & 0.26 & 0.21 & 0.19 \end{pmatrix}.$$

- $\alpha = \frac{1}{2}$ のときの定常分布は

$$\frac{1}{158}\begin{pmatrix} 49 & 40 & 37 & 32 \end{pmatrix} \approx \begin{pmatrix} 0.31 & 0.25 & 0.23 & 0.20 \end{pmatrix}.$$

- $\alpha = \frac{3}{4}$ のときの定常分布は

$$\frac{1}{1150}\begin{pmatrix} 323 & 288 & 283 & 256 \end{pmatrix} \approx \begin{pmatrix} 0.28 & 0.25 & 0.25 & 0.22 \end{pmatrix}.$$

このように定常分布は $\begin{pmatrix} \frac{1}{N} & \cdots & \frac{1}{N} \end{pmatrix}$ に近づいていくが, ランクづけが逆転することはないため, その意味では α の値は何でもよい. しかし, PageRank アルゴリズムでは式 (5.5) に基づいて極限分布の近似解を求めることに注意しなければならない. α が大きいほど結果の成分の差が小さくなるため, 式 (5.5) の k が小さいところでランクづけの逆転が起こりやすくなる. すなわち, α を大きくすると k も大きくする必要がある.

● 第 6 章

問 6.1 FLWOR は for, let, where, order by, return という XQuery 言語での重要なキーワードの頭文字を順に並べたものである. 以下に XQuery 問合せの例を示そう.

```
for $x in doc("mileage.xml")/mileage_members/mileage_member
let $y := $x/mileage_balance
where $y >= 30
order by xs:decimal($y)
return $x
```

1 行目では, `mileage.xml` という XML 文書ファイルの `/mileage_members/mileage_member` にあたるノードを順に変数 `$x` に束縛する. 2 行目では, `$x` の子の `mileage_balance` にあたるノードを変数 `$y` に束縛する. 3 行目では, `$y` の子のテキストノードが 30 以上のものだけにフィルタリングする (30 未満であれば 1 行目に戻り, 変数 `x` に次のノードを束縛する). 4 行目では, `$y` テキストノードの内容を 10 進数とみなしてフィルタリング後の `$x` をソートする. 5 行目で `$x` を出力する.

結果的に, マイレージ残高が 30 以上のマイレージ会員の情報を, マイレージ残高の昇順に出力する.

問 6.2 ホテル予約サイトの統合の場合は仮想データ統合が向いていると考えられる．各ホテル予約サイト上のデータ（各ホテルの空室状況や価格など）は時々刻々と変化するため，それらを逐一統合サイトにコピーするよりは，必要に応じて各ホテル予約サイトのデータにアクセスしに行くのがよいだろう．

一方，企業の合併の場合は，一概には言えないが一般論として，実体化データ統合が向いていると考えられる．図 6.6 と図 6.7 の比較でわかるように，仮想データ統合ではデータ検索時のオーバーヘッドが大きく，またデータ更新時にもサーバ上での更新をソースに適切に反映するのが一般には難しい．合併前の企業・部門ごとに別々にデータを管理し続けるメリットが極めて大きい場合を除いて，実体化データ統合を目指すのがよいと考えられる．

演習問題

6.1 それぞれの結果は以下のとおり．

(1) $\{D, F, H, K, M, O\}$. ドキュメントノード A の子エレメントノードの子エレメントノードの子エレメントノードすべてが該当する．

(2) $\emptyset$. (1) の結果のノードのすべての子エレメントノードが該当するが，(1) の結果のノードは子にテキストノードしかもたないため，この XPath 問合せの結果は空集合になる．

(3) $\{E, G, I, L, N, P\}$. (1) の結果のノードのすべての子ノードが該当する．

(4) $\{B, C, D, F, H, J, K, M, O\}$. `/descendant-or-self::node()/*`と等価であるため，ドキュメントノードの子孫エレメントノードすべてが該当する．

(5) $\{A, B, C, D, E, F, G, H, I, J, K, L, M, N, O, P\}$. `/descendant-or-self::node()/self::node()` と等価であるため，ドキュメント中のすべてのノードが該当する．なお，`/descendant-or-self::node()` も同じ結果を返す．

(6) $\{E, G, I, L, N, P\}$. `/descendant-or-self::node()/self::text()` と等価であるため，ドキュメント中のすべてのテキストノードが該当する．なお，`/descendant-or-self::text()` も同じ結果を返す．

6.2 それぞれの編集距離は以下のとおり．「cannon」は「canoe」と文字数が異なるが，編集距離は一番近い．「ocean」は「canoe」のアナグラム（文字の位置を入れ替えてできる語）になっているが，編集距離は一番遠い．

(1) 「canoe」と「cannon」の編集距離は 2.

(2) 「canoe」と「plane」の編集距離は 3.

(3) 「canoe」と「ocean」の編集距離は 4.

		c	a	n	n	o	n
	0	1	2	3	4	4	5
c	1	0	1	2	3	4	5
a	2	1	0	1	2	3	4
n	3	2	1	0	1	2	3
o	4	3	2	1	1	1	2
e	5	4	3	2	2	2	2

		p	l	a	n	e
	0	1	2	3	4	5
c	1	1	2	3	4	5
a	2	2	2	2	3	4
n	3	3	3	3	2	3
o	4	4	4	4	3	3
e	5	5	5	5	4	3

		o	c	e	a	n
	0	1	2	3	4	5
c	1	1	1	2	3	4
a	2	2	2	2	2	3
n	3	3	3	3	3	2
o	4	3	4	4	4	3
e	5	4	4	4	5	4

6.3 ジャカール指数の定義より，$X = Y$ ならば $J(X,Y) = 1$ が成立する．逆に，$J(X,Y) = 1$ であるとすると，$|X \cap Y| = |X \cup Y|$ でなければならない．$X \cap Y \subseteq X \cup Y$ であるから，$|X \cap Y| = |X \cup Y|$ となるのは $X \cap Y = X \cup Y$ のときだけである．このとき，$X \subseteq X \cup Y = X \cap Y \subseteq Y$ かつ $Y \subseteq X \cup Y = X \cap Y \subseteq X$ が得られるため，$X = Y$ が導かれる．

6.4 通常，一般化のほうが可用性は高くなる．たとえば，「岐阜県」を「中部地方」に一般化することで，表 6.2 から表 6.3 が得られるが，表 6.3 の最下行のタプルは（もとの表 6.2 の最下行のタプルと比べると情報量は落ちているが）事実には違いがない．一方，「岐阜県」を「愛知県」に補正することで，表 6.2 から表 6.4 が得られるが，表 6.4 の最下行のタプルは明らかに事実と異なる．

なお，利便性の観点から比較すると，補正のほうがよい場合が多い．特に数値データの分析を行うような場合，補正されたデータでは誤差を含むという前提のもとで既存の分析手法がそのまま利用できる．しかし，一般化された数値データは範囲をもつ数値データとなるため，既存の分析手法の修正が必要になることがある．

このように，情報システムのセキュリティと利便性とはトレードオフの関係にある．

参考文献

[1] Serge Abiteboul, Richard Hull, and Victor Vianu. *Foundations of Databases.* Addison-Wesley, 1995.

[2] Ricardo A. Baeza-Yates and Berthier Ribeiro-Neto. *Modern Information Retrieval.* Addison-Wesley, 2nd edition, 2011.

[3] Stefan Büttcher, Charles L.A. Clarke, and Gordon V. Cormack. *Information Retrieval: Implementing and Evaluating Search Engines.* MIT Press, 2010.

[4] AnHai Doan, Alon Halevy, and Zachary Ives. *Principles of Data Integration.* Morgan Kaufmann Publishers Inc., 2012.

[5] Hector Garcia-Molina, Jeffrey D. Ullman, and Jennifer Widom. *Database Systems: The Complete Book.* Prentice Hall Press, 2nd edition, 2008.

[6] GNU. GNU general public license, version 3. `https://www.gnu.org/licenses/gpl-3.0.en.html`.

[7] Christopher D. Manning, Prabhakar Raghavan, and Hinrich Schütze. *Introduction to Information Retrieval.* Cambridge University Press, 2008.

[8] Open Source Initiative. The 3-clause BSD license. `https://opensource.org/licenses/BSD-3-Clause`.

[9] Abraham Silberschatz, Henry Korth, and S. Sudarshan. *Database System Concepts.* McGraw-Hill, Inc., 6th edition, 2010.

[10] Latanya Sweeney. k-anonymity: A model for protecting privacy. *International Journal of Uncertainty, Fuzziness and Knowledge-Based Systems,* Vol. 10, No. 5, pp. 557–570, 2002.

[11] 川越恭二．楽しく学べるデータベース．昭晃堂，2007.

[12] 福田剛志，黒澤亮二．データベースの仕組み．朝倉書店，2009.

[13] 北上始，黒木進，田村慶一．データベースと知識発見．コロナ社，2013.

[14] 速水治夫，宮崎収兄，山崎晴明．IT Text データベース．オーム社，2002.

[15] 西尾章治郎，上林弥彦，植村俊亮．データベース．オーム社，2000.

[16] 山本森樹．体系的に学ぶ データベースのしくみ．日経 BP 社，第 2 版，2009.

[17] 村井哲也．初歩のデータベース —「表のサイエンス」入門—．昭晃堂，2004.

[18] 石川博．データベース．森北出版，2008.

[19] 北川博之．データベースシステム．昭晃堂，1996.

[20] 阿部武彦，木村春彦．初歩のデータベース論．共立出版，2007.

[21] 増永良文．リレーショナルデータベース入門 第3版．サイエンス社，2017.
[22] 増永良文．データベース入門．サイエンス社，2006.
[23] 上林彌彦．データベース．昭晃堂，1986.
[24] 三輪眞木子，柳沼良知．データベースと情報管理．NHK出版，2012.

これまでに，日本語で書かれた数多くのデータベースのテキストが出版されている（たとえば [11] [12] [13] [14] [15] [16] [17] [18] [19] [20] [21] [22] [23] [24] など）．それぞれ特徴があるので，書店等で内容を確かめてから自分に合ったものを選ぶとよい．どれが自分に合っているかさっぱりわからないという人には，[19] や [21] をお勧めする．なお，昭晃堂から出版された書籍には，現在他の出版社から再発行されているものがある（たとえば [11] や [19]）．

英語で書かれたテキストももちろん多数あるが，[9] は多くの版を重ねており，特に有名なテキストである．[5] も良書である．[1] はデータベースの理論的側面を深く掘り下げたテキストである．

データベースと比べると，情報検索は新しい分野であり，テキストもまだそれほど多くはない．[2] [3] [7] あたりが学部生・大学院生の学習に向いていると思われる．また，データ統合については [4] がお勧めである．

索　　引

● た行 ●

● な行 ●

● は行 ●

● ま行 ●

● や行 ●

● ら行 ●

● わ行 ●

● 英数字 ●

著者略歴

石原（いしはら） 靖哲（やすのり）

1992 年　大阪大学大学院基礎工学研究科博士前期課程修了
1994 年　奈良先端科学技術大学院大学情報科学研究科助手
1999 年　大阪大学大学院基礎工学研究科講師
2002 年　大阪大学大学院情報科学研究科助教授
現　在　南山大学理工学部教授，博士（工学）

清水（しみず） 將吾（しょうご）

2001 年　奈良先端科学技術大学院大学情報科学研究科博士後期課程修了
2001 年　（株）日立製作所システム開発研究所
2003 年　広島市立大学情報科学部助手
2007 年　産業技術大学院大学情報産業技術研究科助教
現　在　学習院女子大学国際文化交流学部准教授，博士（工学）

グラフィック情報工学ライブラリ＝GIE-11
データベースと情報検索

2018 年 9 月25日©　初版発行

著者　石原 靖哲　清水 將吾
発行者　矢沢和俊
印刷者　杉井康之
製本者　米良孝司

【発行】　株式会社　数理工学社
〒151-0051　東京都渋谷区千駄ヶ谷 1 丁目 3 番25号
編集☎（03）5474-8661（代）　サイエンスビル

【発売】　株式会社　サイエンス社
〒151-0051　東京都渋谷区千駄ヶ谷 1 丁目 3 番25号
営業☎（03）5474-8500（代）　振替 00170-7-2387
FAX☎（03）5474-8900

印刷　ディグ　製本　ブックアート

《検印省略》

ISBN978-4-86481-057-9

PRINTED IN JAPAN

サイエンス社・数理工学社の
ホームページのご案内
http://www.saiensu.co.jp
ご意見・ご要望は
suuri@saiensu.co.jp　まで．